BIM 技术应用系列教材（土木建筑大类专业适用）

U0186000

BIM 建模与算量

主　编　谢嘉波　汪晨武
副主编　刘可人　郑　晟
参　编　龙会霞　张　勇　刘孝衡
　　　　丁亚男　杨　冰　白秀英
　　　　朱天龙　张海琳　陈　康
　　　　杜海翔　王晓娜　张文龙
　　　　刘贯荣
主　审　袁建新

机械工业出版社
CHINA MACHINE PRESS

本书主要讲解 BIM 建模阶段的内容，全书共分为 4 篇 17 章，着重介绍了鲁班 BIM 建模客户端的操作流程及使用方法，并选用优质的案例工程，按照统一的建模标准建立 BIM 模型。第 1 篇为概述，主要介绍了 BIM 的概念以及鲁班 BIM 技术的应用和特点；后 3 篇主要以实际工程为案例，对鲁班土建、鲁班钢筋、鲁班安装三个专业 BIM 建模软件进行了整体剖析，通过这部分的学习，读者能够全面了解 BIM 建模的思路，掌握软件的操作方法。

本书为 BIM 技术应用规划教材，可作为职业院校土木建筑大类专业的教材，同时也可作为建筑类相关专业从业人员的参考用书。

图书在版编目（CIP）数据

BIM 建模与算量／谢嘉波，汪晨武主编. —北京：机械工业出版社，2019.10（2024.1 重印）
BIM 技术应用系列教材
ISBN 978-7-111-64355-5

Ⅰ.①B… Ⅱ.①谢… ②汪… Ⅲ.①建筑设计-计算机辅助设计-应用软件-教材
Ⅳ.①TU201.4

中国版本图书馆 CIP 数据核字（2019）第 290434 号

机械工业出版社（北京市百万庄大街 22 号　邮政编码 100037）
策划编辑：常金锋　覃密道　　　　　责任编辑：常金锋
责任校对：梁　静　　　　　　　　　封面设计：鞠　杨
责任印制：郜　敏
中煤（北京）印务有限公司印刷
2024 年 1 月第 1 版第 3 次印刷
184mm×260mm·15.75 印张·384 千字
标准书号：ISBN 978-7-111-64355-5
定价：42.00 元

电话服务　　　　　　　　　　　　网络服务
客服电话：010-88361066　　　　　机　工　官　网：www.cmpbook.com
　　　　　010-88379833　　　　　机　工　官　博：weibo.com/cmp1952
　　　　　010-68326294　　　　　金　书　网：www.golden-book.com
封底无防伪标均为盗版　　　　　机工教育服务网：www.cmpedu.com

前　言

BIM（Building Information Modeling）技术被誉为建筑产业的革命性技术，在减少能源消耗、项目精细化管理、施工过程模拟、空间碰撞检测、现场质量安全管理等方面可以发挥巨大作用。住房和城乡建设部在《2011～2015建筑业信息化发展纲要》中明确了在施工阶段开展BIM技术的研究与应用的要求。该纲要的颁布，拉开了BIM技术在施工企业全面推进的序幕。

目前我国的BIM技术应用和发展时间尚短，但从某些企业BIM应用实践来看，做好关键领域基础数据的BIM解决方案是企业信息化建设的必由之路。当前施工阶段的BIM价值主要体现在技术方面和数据方面，一方面通过三维可视化模型及相关应用可以减轻项目工作强度，降低沟通成本；另一方面，通过BIM模型获得的项目数据具有准确性、对应性、及时性、可追溯性的特点，可为项目施工管理、成本管理等工作提供有效的数据支撑。同时，BIM实现了数据的可视化和即景化，将会为企业在每个项目施工中创造巨大的价值。BIM技术作为构建海量项目数据平台的基础，是当前信息技术中最强大的工具之一，BIM技术延伸的应用将是一个相当长的过程，因此需要专业的团队完成BIM模型的创建、维护、应用、协同管理等工作。

为了使BIM技术在实际工程中得到更好的应用，帮助从事BIM技术的人员更好地理解和掌握BIM技术，正确运用鲁班BIM建模软件快速建模、精准建模，我们编写了本书。对于鲁班BIM建模软件的应用，想要达到熟能生巧、灵活自如，把软件作为一种工具真正地为己所用，专业知识是基础、多加练习是保障，相信广大读者在本书的帮助下，能取得事半功倍的效果。

本书由谢嘉波、汪晨武担任主编，刘可人、郑晟担任副主编，袁建新担任主审。龙会霞、张勇、刘孝衡、丁亚男、杨冰、白秀英、朱天龙、张海琳、陈康、杜海翔、王晓娜、张文龙、刘贯荣参与了本书的编写工作。

BIM技术的应用还处于发展阶段，加上作者的水平有限，书中难免会有不足之处，望广大读者批评指正。衷心希望广大读者能通过对本书的学习，熟练掌握BIM软件操作的方法。

编　者

目　　录

BIM建模与算量
BIM jianmo yu suanliang

第1篇　概述

01

第1章

BIM 概念

1.1 BIM 的定义

BIM（Building Information Modeling，建筑信息模型）即在规划设计、建造施工、运维过程的整个或者某个阶段中，应用 3D 或者 4D 信息技术进行系统设计、协同施工、虚拟建造、工程量计算、造价管理、设施运维的技术和管理手段。应用 BIM 技术可以消除各种可能导致工期拖延和造价浪费的设计隐患，利用 BIM 技术平台强大的数据支撑和技术支撑能力，提高项目全过程精细化管理水平，从而大幅度提升项目效益。

1.2 BIM 的特点与核心能力

从 BIM 的定义来看，BIM 的特点可以概括为三个方面：①设施（建筑物）物理和功能特性的数字表达，可以包括几何、空间、量等物理信息，还包括空间的能耗信息、设备的使用说明等功能性信息；②设施（建筑物）信息的共享知识资源，可以在不同专业、不同利益相关方之间进行信息的传递与共享；③为建设项目从决策、设计、施工和运维到拆除的全生命周期中的所有决策提供可靠的依据与信息。

根据鲁班咨询的研究，BIM 另外还有两大特点。首先，是可视化。不同于传统的二维平面图纸，BIM 是三维可视化的，所见即所得，这样也就拥有了二维图纸所不可比拟的优势。利用 BIM 的三维空间关系可以进行碰撞检查，优化工程设计，减少设计变更与返工；三维可视模型可以在施工前提前反映复杂节点与复杂工艺，便于施工班组进行虚拟交底，提升沟通效率；此外在 BIM 的三维模型上加以渲染并制作动画，给人以真实感和直接的视觉冲击，可用于给业主展示，提高中标几率。

其次，BIM 是一个多维的关联数据库。BIM 是以构件为基础，与构件相关的信息都可以存储在模型中，并且与构件相关联。利用 BIM 的这一海量数据库，可以快速算量，并进行拆分、统计、分析，有效进行成本管控、材料管理，支持精细化管理；项目所有相关人员都可以利用统一一致的 BIM 中的数据进行决策支持，提高决策的准确性，提高协同效率；项目竣工后，竣工模型成为有效的电子工程档案，可以提交给业主，为运维管理提供信息；对 BIM 中的数据进行积累、研究、分析后，可以形成指标、定额等知识，为以后的项目管理提供参考或控制依据，并形成企业的核心竞争力。

第 2 章

鲁班 BIM 技术体系及解决方案

2.1 鲁班 BIM 技术体系

2.1.1 鲁班 BIM 各软件平台介绍

1）系统客户端：

➤ 鲁班管理驾驶舱 LubanGovern　　　　➤ 鲁班集成应用 Luban Works

➤ 鲁班 BIM 浏览器 Luban Explorer　　　➤ 鲁班后台管理端 Luban PDS

2）配套使用的建模软件：

➤ 鲁班造价软件　Luban Estimator　　　➤ 鲁班施工软件　Luban PR

➤ 鲁班土建软件　Luban Architecture　　➤ 鲁班下料软件　Luban SG

➤ 鲁班钢筋软件　Luban Steel　　　　　➤ 鲁班钢构软件　Luban Steelwork

➤ 鲁班安装软件　Luban MEP　　　　　➤ 鲁班总体软件　Luban Exterior

2.1.2 鲁班 BIM 系统流程图

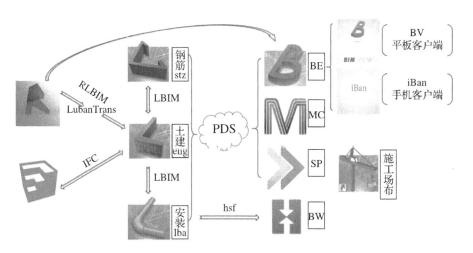

图 2-1　鲁班 BIM 系统流程图

具体的软件客户端的详细内容将在本系列丛书后续部分介绍。

2.2 鲁班 BIM 解决方案

鲁班软件一直专注于 BIM 技术的研发推广，是国内领先的 BIM 软件厂商和解决方案供应商之一。鲁班 BIM 解决方案始终定位于建造阶段 BIM 应用专家，从个人岗位级应用，到项目级应用及企业级应用，形成了一套完整的基于 BIM 技术的软件系统和解决方案，并且实现了与上下游的开放共享。

鲁班 BIM 解决方案，首先通过鲁班 BIM 建模软件高效、准确地创建 7D 结构化 BIM 模型，即 3D 实体、1D 时间、1D·BBS（投标工序）、1D·EDS（企业定额工序）、1D·WBS（进度工序）。创建完成的各专业 BIM 模型进入基于互联网的鲁班 BIM 管理协同系统，形成 BIM 数据库。经过授权，可通过鲁班 BIM 各应用客户端实现模型、数据的按需共享，提高协同效率，轻松实现 BIM 从岗位级到项目级及企业级的应用。

鲁班 BIM 技术的特点和优势是可以更快捷、更方便地帮助项目参与方进行协调管理，应用 BIM 技术的项目将收获巨大价值。具体实现可以分为创建、管理和应用三个阶段，如图 2-2 所示。

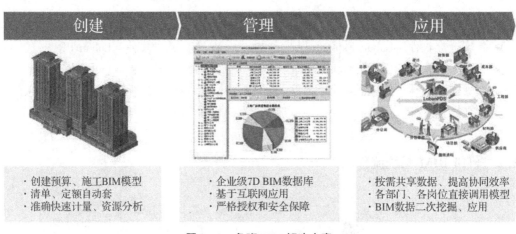

图 2-2 鲁班 BIM 解决方案

2.3 鲁班基础数据分析系统 | Luban PDS

鲁班基础数据分析系统（Luban PDS）是一个以 BIM 技术为依托的工程成本数据平台，如图 2-3 所示。它创新性地将最前沿的 BIM 技术应用到了建筑行业的成本管理当中。只要将包含成本信息的 BIM 模型上传到系统服务器，系统就会自动对文件进行解析，同时将海量的成本数据进行分类和整理，形成一个多维度、多层次、包含三维图形的成本数据库。通过互联网技术，系统将不同的数据发送给不同的人。总经理可以看到项目资金的使用情况，项目经理可以看到造价指标信息，材料员可以查询下月材料使用量，不同的人各取所需，共同受益，从而对建筑企业的成本精细化管控和信息化建设产生重大作用。

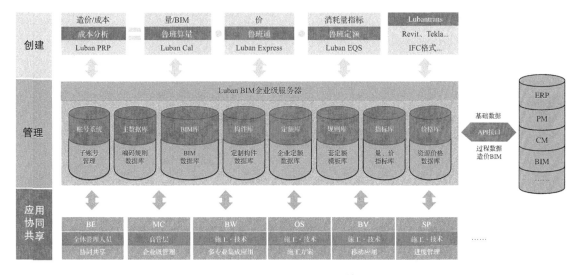

图 2 - 3 Luban PDS 系统

2.4 Luban PDS 系统改变传统信息交互方式

Luban PDS 系统改变了传统信息交互方式，使混乱的信息变得有序、高效，如图 2 - 4 所示。

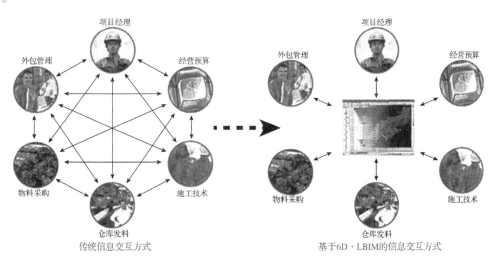

图 2 - 4 Luban PDS 系统信息交互方式

第3章

鲁班 BIM 建模软件及工作原理

3.1 鲁班 BIM 建模软件的主要构成

鲁班 BIM 建模软件主要服务于后期的 BIM 应用,通过前期三个专业(土建、钢筋、安装)的模型建立,充分利用设计阶段的设计成果进行快速、高效的建模。创建好的 BIM 模型,上传到 BIM 系统中进行共享,通过权限设置,施工企业的管理层,各条线、各岗位的人员都能通过相应的客户端(Luban BW、Luban MC、Luban BE 或者 iBan 等)获取模型信息,协助管理决策,最大化实现 BIM 模型的价值。

鲁班土建(Luban AR)

鲁班土建软件建模效率高;二维 CAD 图纸转化识别效率高,兼容主流三维 BIM 建模软件的设计成果,可充分利用设计成果;本土化优势明显;内置全国各地清单、定额、计算规则,不仅可以直观显示三维效果,展示构件空间关系,还可以高效计算工程量,用于造价、成本管理;具有建模智能检查系统,基于云技术的在线检查,可以随时随地对创建的模型进行检查,减少建模错误和遗漏。

鲁班钢筋(Luban ST)

结构配筋自动识别转化,建模效率高,避免钢筋 BIM 模型逐根创建的巨大工作量;三维显示真实搭接方式,可指导复杂部位钢筋绑扎;内置钢筋规范,工程量快速统计便于成本信息的统计及钢筋成本管控;具有建模智能检查系统,基于云技术的在线检查,可以随时随地对创建的模型进行检查,减少建模错误和遗漏。

鲁班安装(Luban MEP)

鲁班安装软件包括水、电、暖、消防等机电安装各专业,分专业快速建模,再整合成为机电安装 BIM 模型;CAD 转化直接建模,效率高;同时兼容其他主流机电 BIM 软件的三维建模成果,可充分利用设计成果,避免重复建模;本土化优势明显;内置全国各地清单、定额、计算规则,不仅可以直观显示三维效果,展示构件空间关系,还可以高效计算工程量,用于造价、成本管理;具有建模智能检查系统,基于云技术的在线检查,可以随时随地对创建的模型进行检查,减少建模错误和遗漏。

3.2　鲁班 BIM 建模的特点和习惯

3.2.1　构件主要分类

1）骨架构件：需精确定位，骨架构件的精确定位是工程量准确计算的保证，如骨架构件的定位不正确，会导致寄生构件、区域型构件的计算不准确，如给水排水工程中的管道安装。

2）寄生构件：需在骨架构件绘制完成的情况下才能绘制，如管道上的阀门、法兰等。

寄生构件具有以下性质：主体构件不存在的时候，无法建立寄生构件；删除了主体构件，寄生构件将同时被删除；寄生构件可以随主体构件一同移动。

3）区域型构件：是软件根据骨架构件形成的构件，例如给水排水工程中的管道配件（三通、四通等），又如电气工程中的接线盒，这些在手工统计的时候都是很难计算准确的，工程量非常大，而软件则可以自动生成。

3.2.2　构件属性主要分类

1）物理属性：主要是构件的标识信息，如构件规格、材质等。

2）几何属性：主要指与构件本身几何尺寸有关的数据信息，如断面形状等。

3）清单（定额）属性：主要记录构件的工程做法，即套用的相关清单（定额）信息。

构件的属性一旦赋予后，并不是不可变的，可以通过"属性工具栏"或"构件属性定义"按钮，对相关属性进行编辑和重新定义。

3.2.3　"BIM 建模"包括的内容

1）定义每种构件的属性：构件类别不同，其具体的属性也不相同。

2）绘制算量平面图：软件主要采用的是描图的思路，即对照相关设计图纸，将上面的工程量用鲁班软件里所定义好的构件表示出来。

3.2.4　"BIM 建模"的原则

1）需要计算工程量的构件必须绘制到算量平面图中。"鲁班算量"在计算工程量时，算量平面图中找不到的构件就不会被计算，尽管用户可能已经定义了它的属性名称和具体的属性内容。

2）确认所要计算的项目。在计算工程量之前，首先要在软件中根据相应的构件在计算项目设置栏中设置好所需要计算的是哪些工程量。

3）灵活掌握，合理运用。"鲁班算量"可以使用多种不同的命令达到同一个目的，具体选择将随个人熟练程度与操作习惯而定。

第4章
传统蓝图算量和 BIM 建模算量的区别

　　施工蓝图是计算工程量的依据，手工计算工程量时，一般要经过熟悉图纸、列项、计算等几个步骤。在这个过程中，蓝图的使用是比较频繁的，要反复查看所有的施工图，以找到所需要的信息。

　　在使用软件工作之前，不需要单独熟悉图纸，拿到图纸直接上机即可。这是因为建立算量模型的过程就是熟悉图纸的过程。传统的工程量计算，预算人员要先读图，要在脑海中将多张图纸建立工程三维立体联系，导致工作强度大；而用算量软件则完全改变了工作流程，拿到其中一张图就将这张图的信息输入计算机，一张一张地进行处理，三维关联的思维工作计算机会根据模型轴网、标高等几何关系自动解决，从而大大降低了预算员的工作强度和工作复杂程度，也改变了算量的工作流程，如图 4 - 1 所示。

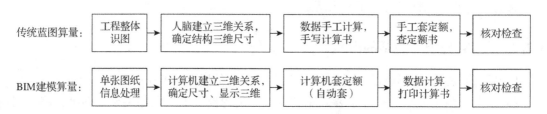

图 4 - 1　传统蓝图算量和 BIM 建模算量的区别

第5章

鲁班 BIM 建模软件中常用 CAD 命令

5.1 CAD 界面简介

启动鲁班土建或鲁班安装（鲁班钢筋软件非 CAD 平台）算量后，点击"🖳"图标，可以切换到 CAD 的界面（图 5 - 1），在此界面上执行各个命令。如果熟悉 CAD 的各个命令，可以在鲁班算量界面的命令行中直接输入 CAD 的各个操作命令。CAD 设置好以后再单击"🖳"图标，可以切换回鲁班算量的界面。

图 5 - 1　CAD 界面切换图标位置

5.2 图层（Layer）

图层相当于图纸绘图中使用的重叠的图纸，它们是 AutoCAD 中的主要组织工具，可以通过使用图层实现按功能编组信息以及执行线型、颜色和其他标准。通过图层控制，可显示或隐藏对象的数量，降低图形视觉上的复杂程度并提高显示性能；也可以锁定图层，以防止意外选定和修改该图层上的对象。

选择"格式"→"图层"→"图层特性管理器"对话框，如图5-2所示。

图5-2　"图层特性管理器"对话框

5.3　常用绘图命令及方法

5.3.1　直线（LINE）

1）命令行输入简写字母"L"。

2）指定起点，可以使用对象捕捉，如捕捉中心点、交点等；也可在命令行上输入坐标。

3）指定端点以完成第一条线段。

4）要在使用LINE命令时撤消前面绘制的线段，可输入"U"或者从工具栏上选择"撤消"。

5）按＜Enter＞键结束或输入"C"闭合一系列线段。

5.3.2　多段线（PLINE）

多段线是作为单个对象创建的相互连接的序列线段。

1）命令行输入简写字母"PL"。

2）指定多段线的起点。

3）指定第一条多段线线段的端点。

4）根据需要，继续指定线段起点、端点。

5）按＜Enter＞键结束，或者输入"C"闭合多段线。

绘制直线和圆弧组合多段线的步骤：

1）命令行输入简写字母"PL"。

2）指定多段线线段的起点。

3）指定多段线线段的端点。

4）在命令行上输入"A"（圆弧），按 < Enter > 键，切换到"圆弧"模式。

5）输入"S"，按 < Enter > 键，指定圆弧上的某一点，再指定圆弧的端点。

6）输入"L"（直线），按 < Enter > 键，返回到"直线"模式。

7）根据需要，指定其他多段线线段。

8）按 < Enter > 键结束或输入"C"闭合多段线。

5.3.3　圆（CIRCLE）

1）命令行输入简写字母"C"。

2）指定圆心。

3）指定半径或直径。

提示：绘制圆的主要目的是确定辅助点（如圆弧状的墙、梁等需要定位时）。

5.3.4　圆弧（ARC）

1）命令行输入简写字母"A"。

2）指定起点。

3）指定端点。

4）输入圆弧半径。

提示：工程中，一般都是以这种方式生成圆弧。例如，在"绘制墙"中，重复上述操作即可。

5.4　常用图形编辑命令及方法

5.4.1　复制（COPY）

1）命令行输入简写字母"CO"。

2）选择要复制的对象，单击鼠标右键确定。

3）指定基点。

4）指定位移的第二点。

5）指定下一个位移点。

6）继续插入副本，或按 < Enter > 键结束命令。

5.4.2　带基点复制（COPYBASE）

1）在绘图区单击鼠标右键，选择"带基点复制"命令。

2）指定基点（图纸 1 轴/A 轴交点）。

3）选择要复制的对象，或按＜Enter＞键结束命令。

提示：配合粘贴命令，将图纸粘贴到鲁班软件中的坐标原点（0，0）位置。

5.4.3 镜像（MIRROR）

1）命令行输入简写字母"MI"。

2）选择要创建镜像的对象，单击鼠标右键确定。

3）指定镜像直线的第一点。

4）指定第二点。

5）按＜Enter＞键保留原始对象，或者输入"Y"将其删除。

5.4.4 移动（MOVE）

1）命令行输入简写字母"M"。

2）选择要移动的对象，单击鼠标右键确定。

3）指定移动基点。

4）指定第二点，即位移点。

5.4.5 缩放（SCALE）

1）命令行输入简写字母"SC"。

2）选择要缩放的对象，单击鼠标右键确定。

3）指定基点。

4）输入比例因子（放大倍数则输入大于1的数，缩小倍数则输入大于0小于1的数）。

提示：有的DWG电子文档中图形的比例并不是1:1，因此需要调整图形的比例。

5.4.6 偏移（OFFSET）

1）命令行输入简写字母"O"。

2）输入偏移距离，按＜Enter＞键确定。

3）选择要偏移的对象。

4）指定要放置新对象的一侧上的一点。

5）选择另一个要偏移的对象，或按＜Enter＞键结束命令。

5.4.7 修剪（TRIM）

1）命令行输入简写字母"TR"。

2）选择作为剪切边的对象（一般为线段），单击鼠标右键确定。

3）选择要修剪的对象。

提示：修剪命令多与绘制直线、线变墙梁等有关。

5.4.8 延伸（EXTEND）

1）命令行输入简写字母"EX"。

2）选择作为边界边的对象和需要延伸的线段，单击鼠标右键确定。

3）选择要延伸的线段端部，结束命令。

提示：使用此命令，能保证要延伸的对象按原来的方向进行延伸。

5.4.9 分解（EXPLODE）

1）命令行输入简写字母"X"。

2）选择要分解的对象，单击鼠标右键确定。

提示：此命令经常在"电子文档转化"中使用，用以分解图中的块。如在转化墙时，钢筋混凝土墙一般是用填充色填充的，并与墙边线合为一个块，因此要把填充色与墙边线分解开。

5.4.10 调入CAD文件

"调入CAD文件"命令非CAD命令，是鲁班软件三专业在BIM建模过程中，通过"CAD转化"的方式进行建模时必要的一个操作，是将CAD图纸调入鲁班软件的途径之一。

1）在CAD转化菜单下，选择"调入CAD文件"（钢筋软件为"CAD图层管理器"/"导入"）命令。

2）在计算机中找到CAD图纸的所在路径，打开。

3）配合"CAD分图"（钢筋软件为"切割"）命令，将各层图纸放置到对应楼层即可。

BIM建模与算量
BIM jianmo yu suanliang

第 2 篇 　鲁班土建 BIM 建模

02

第6章
鲁班土建 BIM 建模软件简介

6.1 鲁班土建 BIM 建模软件的功能

鲁班土建 BIM 建模软件是鲁班系列软件中的一款产品，可计算工程项目中混凝土、模板、砌体、脚手架、粉刷和土方等工程量，是基于 AutoCAD 图形平台开发的工程量自动计算软件。它用于工程项目全过程管理，充分考虑了我国工程造价模式的特点及未来造价模式的发展变化，采用多种快速建模方式，建立模拟工程现场情况的信息模型，自动套用全国各地清单和定额项目及计算规则，智能检查纠正工程量少算、漏算、错算等情况，最终汇总统计各类土建工程量表单。鲁班土建 BIM 建模软件具有以下三大功能。

（1）快速建立三维模型

软件可采用 CAD 转化、手工建模等方式帮助 BIM 施工员快速建立与工程图纸、技术资料相同的三维模型。鲁班土建 BIM 建模软件能够分析提取 CAD 电子图中墙、柱、梁、门窗及部分表格的尺寸和标高信息，准确定位、自动生成各类三维模型。通过该模型可以更直观地了解工程的具体情况与细部节点，使得整个计算过程显示在人们面前，方便现场技术交底并确定技术方案，并将原有的二维平面分析工作模式带入到三维动态变化模拟中。

（2）自动汇总工程量

软件可灵活多变地输出各种形式的工程量表单，满足不同的需求；软件可以根据全国各地不同的定额、清单计算规则，自动计算各个构件的算量关系，分析统计各类工程量，如清单项目工程量、分层工程量、分构件工程量等，自动统计建筑面积、门窗、房间装饰等；软件提供的表格中既有构件的具体数量和轴线位置，同时也提供构件详细的计算公式；软件可满足从工程招标投标、施工过程到决算全过程的工程量统计分析。

（3）检验纠错功能

软件中设置的智能检查功能，可检查用户建模过程中少算、漏算、错算等情况，并提供详细的错误表单、参考依据、规范和错误位置信息，同时提供批量修改方法，最大程度保证了模型的准确性，避免造成不必要的损失和巨大风险。

6.2　土建工程计量软件的操作流程

鲁班土建 BIM 建模软件的操作可按照以下流程进行：

1）在安装好算量软件后，仔细分析工程混凝土等级、楼层标高、基础类型等关键信息。

2）对整个工程有了框架性的认识后，开始进行工程设置，填入关键参数，选择算量模式。

3）按照所提供的图纸、合同等信息资源，选择采用 CAD 转化、LBIM 导入、手工描图等方式建立工程模型。

4）将建好的模型套取相应的清单或定额项目，完成各构件工程量的计算。

5）输出所需工程量报表。

鲁班土建 BIM 建模软件的操作流程如图 6 - 1 所示。

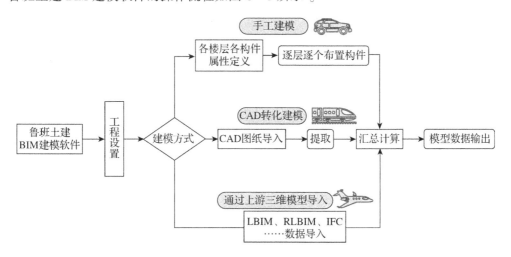

图 6 - 1　鲁班土建 BIM 建模软件的操作流程

1. 工程设置

工程设置是软件操作的准备工作，用来完成工程关键信息的设置。工程设置的内容包括：

1）工程信息概况，如工程名称、工程地点、结构类型、建筑规模等信息。

2）选择算量模式，如清单模式、定额模式，该工程所需要套用的清单、定额库以及清单、定额的计算规则信息。

3）楼层信息设置，如工程的楼层标高、标准层设置、室外设计地坪标高、自然地坪标高、地下水位等信息。

4）材质设置，工程中大宗材料材质等级设置，如砌体、混凝土、土方等。

5）标高设置，工程中的两种相对标高（楼层标高和工程标高）设置。

2. 工程建模

工程建模是鲁班土建 BIM 建模软件操作的核心阶段，该阶段既要完成对构件的属性定义和布置，也要按照工程具体情况套用合适的清单、定额项目，为后期 BIM 用模提供模型支持。这个过程耗用时间较长，需要通盘考虑整个工作流程，所以依据所提供的图纸等信息资源，选择合适的建模方式尤为重要。工程建模有三种方式：手工建模、CAD 转化建模和 LBIM 数据导入建模。

手工建模一般适用于只有蓝图没有电子图的情况。通过读图、识图，掌握建筑类型，熟悉构件名称、尺寸、标高等信息，手动完成构件属性定义，然后依据蓝图逐个完成各楼层、各构件的布置，花费时间较长，但是在绘制的过程中对于图纸各个细部节点认识清晰。

在具备 CAD 图纸的条件下，CAD 转换建模可将图纸分批次、分构件导入软件中，通过识别技术完成将二维文字、线条转化为三维实体的过程。大量节省各类构件属性定义及重复布置的过程，效率高，定位方便，且不易出错。同时也可将图纸中表格数据直接提取到软件中，生成对应构件的属性。

LBIM 数据导入建模可以实现全专业的数据互导，将做好的钢筋等模型或是上游设计单位建立好的 Revit、Tekla、Rhino 等模型导入到土建 BIM 建模软件中，自动生成构件三维信息，工作效率高、协同好，更利于 BIM 模型的精细化建立。

3. 汇总计算和报表输出

汇总计算是按照图纸内容和项目特征将工程模型中的各个构件分别套取相对应的清单、定额，然后由软件自动根据所选择的计算规则，计算构件之间的扣减关系，从而获得工程量。电子表格能够用以统计分析，并可根据需要按照楼层、构件类型、清单定额等形式汇总和提供计算公式，方便反查对账，可以将模型输出到造价软件中，使得算量、造价联系更加紧密，造价更加准确。

6.3　工程实例说明

鲁班土建 BIM 建模软件主要根据 CAD 转化图纸建模的方式来实现工程量的精确计算，为满足各类工程构件的建模要求，软件开发了大量的基本指令和简化指令。本书以"某储运公司办公楼项目"为案例，贯穿土建 BIM 建模全过程，通过实际项目的引领，逐步深入地讲解软件建模的各种方法和技巧。

与传统手工计量一样，了解和熟悉图纸也是 BIM 建模的重要准备工作，本节从 BIM 建模的角度，对工程图纸进行简单介绍，并着重分析 BIM 建模的重点和难点。

6.3.1　工程简介

某储运公司办公楼主体为两层框架结构（仅楼梯间为三层），并附带一单层辅房，项目抗震等级为三级，无地下室，总高度为 11.40m，建筑面积为 2780m²。办公楼工程整体三维效果如图 6-2 所示。本工程各节点做法详见施工图中所指引相关图集；本工程装饰做法详见"建筑施工用料表"。墙体、门窗、装饰、零星构件等参照建

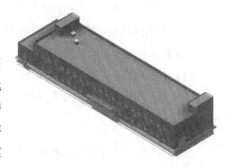

图 6-2　办公楼工程整体三维效果图

筑图建模；梁、板、柱、基础构件等参照结构图建模。

6.3.2　鲁班土建 BIM 建模之前的准备工作

本工程图纸共有 14 张建筑施工图和 11 张结构施工图，这些图纸在土建计量建模时都会涉及，因此需要认真识图。每一张图纸在土建计量建模中的主要用途如图 6-3 所示。

建筑图纸编号	图名	用途	结构图纸编号	图名	用途
建说 01	建筑说明（一）	工程概况、建筑设计说明	结施 S01	结构施工图设计总说明（一）	设计总则、设计依据、结构材料
建说 02	建筑说明（二）	建筑设计说明	结施 S02	结构施工图设计总说明（二）	构造要求
建施 01	一层平面图	一层墙、门窗	结施 01	桩位平面布置图	桩定义及定位
建施 02	二层平面图	二层墙、门窗	结施 02	基础平面布置图	柱状独立基础、满堂基础、基础梁
建施 03	三层平面图	三层墙、门窗	结施 03	柱平法施工图	柱定义及定位
建施 04	机房平面图　机房屋顶平面图	机房层墙、门窗	结施 04	二层梁平面配筋图	一层梁
建施 05	10-1、1-10 立面图	楼层标高、门窗标高	结施 05	二层板结构平面布置图	一层板
建施 06	E-A、A-E、1-1 立面图	楼层标高、门窗标高	结施 06	三层梁平面配筋图	二层梁
建施 07	楼梯 1 楼梯平面图	LT1	结施 07	三层板结构平面布置图	二层板
建施 08	楼梯 1 楼梯剖面图	LT1	结施 08	屋面、梯间屋面梁平面配筋图	三层梁、屋面梁
建施 09	楼梯 2 详图	LT2	结施 09	屋面、梯间屋面板结构平面布置图	三层板、屋面板
建施 10	楼梯 3 详图	LT3	结施 10	LT1 结构大样	LT1
建施 11	公厕、卫生间	卫生间做法	结施 11	LT2、LT3 结构大样	LT2、LT3
建施 12	节点详图	节点做法			
建施 13	门窗、门窗详图	门窗尺寸			
建施 14	装饰表	装饰做法			

图 6-3　图纸目录及其作用

6.3.3　土建工程计量重点分析

手工算量往往从基础开始，而软件算量往往从标准层开始，因为其他层需要利用标准层的数据，然后往上或往下复制，这样使用软件较为快捷。其实，计算工程量没有严格的顺序，可以根据图纸的实际情况或者个人习惯决定计算顺序。

为了充分介绍鲁班软件各项操作指令，本书采用的建模思路为：首先采用手工建模，紧接 CAD 转化简便方式建模，然后再分别介绍顶层和基础层以及零星构件的手工建模、清单和定额套项及工程量计算。

手工建模是软件计量的基础，在进行工程计量时，拿到的图纸一般不是电子图，而是蓝图，或者即使拿到了电子图，但是电子图绘制不够规范，不能进行 CAD 转化，这就需要进行手工建模。

CAD 转化建模方式可减少属性定义和构件布置的时间，大大提高建模速度。本书通过对案例项目从建模到出量这一完整过程的讲解，指导完成一整套工程模型的建立。

由于案例项目具有特有的设计，以下两点在建模过程中需要注意：

（1）基础层构件标高设置

基础层基础构件的标高均为工程标高，即相对于 ±0.000 的标高。在进行基础层"楼层设置"→"层高设置"时，需先按照软件默认的 0mm 处理，后期在布置基础构件时，在属性定义的过程中进行标高的设置，即针对不同的构件单独修改定义高度。

（2）局部错层处理

通过对建筑立面图的分析，参考建施05、建施06，本工程一层 1－3 轴之间存在一个高度为 5.000m 的结构单体，而 4－14 轴为 4.500m，需要采取先建模后修改标高的方式进行调整，调整后如图 6－4 所示。

图 6－4　一层局部单体三维显示效果

第 7 章
鲁班土建 BIM 建模软件操作方法——实例教学

7.1 工程设置

每次新建一个工程时需要设置工程有关内容，在软件中这些内容分为下面几部分。

1）新建工程：建立工程名称，设置工程保存的路径。

2）用户模板：软件中已有默认构件的属性，但要按实际工程重新定义构件属性。也可以调用已做工程中设置好的构件的属性，可以省去属性定义、套定额、计算规则调整的时间。

3）工程概况：输入工程基本信息。

4）算量模式：根据需要选择清单或者定额算量模式，然后选择需要的清单库、定额库以及对应的计算规则。

5）楼层设置：结合建筑图设置工程楼层、层高、材质信息。

6）标高设置：选择楼层标高和工程标高来完成标高设置。

7.1.1 工程设置操作步骤

根据某储运公司的办公楼工程实例，参考建筑施工图设计说明和立面图（见"建筑施工图设计说明""轴立面图"）进行该工程的工程设置。具体操作步骤如下：

▶ 第一步，新建工程

1）双击"鲁班土建"图标，进入软件界面。在出现的对话框中选择"新建工程"，如图 7-1 所示。

2）软件弹出"新建"界面，在"文件名"文本框中输入工程的名称，这个名称可以是汉字，也可以是英文字母或数字，这里输入"办公楼模型"，单击"保存"按钮。

▶ 第二步，用户模板

新建工程设置好文件保存路径之后，会弹出"用户模板"界面，如图 7-2 所示。

该功能主要用于在建立一个新工程时可以选择过去做好的工程模板，以便直接调用以前工程的构件属性，从而加快建模速度。这里使用"软件默认属性模板"，单击"确定"按钮即完成用户模板的设置。

图 7-1　新建工程

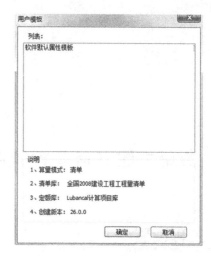

图 7-2　用户模板

▶ 第三步，工程概况

根据图纸文件输入有关工程名称、工程地点、结构类型、建设单位等相关信息，如图 7-3 所示。

▶ 第四步，算量模式

设置好"工程概况"后单击"下一步"按钮，进入到"算量模式"界面，这里可以选择"定额"算量模式和"清单"算量模式，根据工程的具体需要来选择相应的清单、定额库和清单、定额计算规则。在本工程中选用"清单"模式，清单选用"全国 2013 建设工程工程量清单"，定额选用"上海 2000 建筑和装饰工程预算定额"，如图 7-4 所示。

图 7-3　工程概况

图 7-4　算量模式

▶ 第五步，楼层设置

设置完"算量模式"后单击"下一步"按钮，进入"楼层设置"界面。

对于一个实际工程，需要按照以下原则划分出不同的楼层，以分别建立起对应的算量平面图。楼层用编号表示。

【0】：表示基础层。

【1】：表示地上的第一层。

【2】~【99】：表示地上除第一层之外的楼层，根据具体图纸设定进行楼层增减。此范围之内的楼层，如果是标准层，图形可以合并成一层绘制。例如：在楼层名称中输入"2，5"，表示从第 2 层到第 5 层是标准层；在楼层名称中输入"6/8/10"表示隔层第 6 层、第 8 层、第 10 层是标准层。

【−3】，【−2】，【−1】：在楼层名称中输入带"−"的数字表示地下层。

1）楼层性质：基础层一般是指正负零以下的结构层，也就是地下室顶板以下的结构都是基础层。软件在基础层中有"基础工程""基础梁"两大基础层特有的项目，包含了基础中所要计算的实体构件。普通层一般是指有单独楼层属性的结构层，标准层指的是楼层属性相同或相似的结构层。

2）在"楼层设置"中黄色底纹的表格是不可以修改的，只要在白色的区域修改参数就可以联动修改黄色区域的数据。

3）"设计室外地坪标高"和"自然地坪标高"主要是和实际工程中室外装饰高度与室外挖土深度有关的参数设置，一般根据图纸中给出的数据进行填写。

4）层高设置：根据剖面图进行楼层数据的设置。本工程可以将楼层设置为"1 层层高4500，2 层层高 3900，3 层层高 3000"，如图 7−5 所示。

注意：

① 0 层层高不做要求，按默认"0"，基础构件在基础层单独调整构件标高。

② 本工程楼层也可设置第四层，用来布置屋顶的楼梯间和女儿墙。

▶ 第六步，材质设置

本页面可以编辑实际工程当中的构件的材料强度等级。如果需要修改某项数值，比如 1 层"柱"的混凝土等级为 C35。先单击界面右下角的"增加"按钮，会在列表中新增空白行，然后单击"楼层"下的空格，在下拉列表中选择"1 层"；单击"构件类型"下的空格，在下拉列表中选择"C35"即可。

▶ 第七步，标高设置

软件中存在两种标高形式，"工程标高"和"楼层标高"，默认基础构件如独立基、满堂基、基础梁都是工程标高，不能修改，其他可以根据建模习惯自行选择。本工程按照软件默认设置，如图 7−6 所示。

图 7-5 楼层设置

图 7-6 标高设置

7.1.2 工程设置要点

在"工程设置"对话框中定义的属性及计算规则将作为工程的总体设置，对多个参数产生影响，例如新建构件属性的默认设置、构件属性的批量修改、工程量的计算规则等，具体操作如下。

【工程概况】可根据建筑说明来填写工程概况中的内容，例如工程名称、结构类型等。"工程概况"处填写工程的基本信息、编制信息，这些信息将与报表联动。

【算量模式】算量模式选择清单模式。清单选择全国 2013 清单库，定额选择上海 2000 定额库，并选择相应的计算规则。

【楼层设置】根据立面图对楼层进行设置。1 层层高 4500，楼地面标高 -50，2 层层高 3900，3 层层高 3000，4 层层高 3000，设计室外地坪标高和自然地坪标高为 -450。

【标高设置】在属性工具栏中构件默认值是直接读取工程设置中对应的数值。基础层设置为工程标高，其余楼层均为楼层标高。

思考与练习

（1）标准层如何表示？
（2）设计室外地坪标高和自然地坪标高分别与什么有关？

7.2 轴网建立（含 CAD 转化）

7.2.1 手工建立轴网

轴网是建筑制图的主体框架，建筑物的主要支承构件按照轴网井然有序地定位排列，最终在计算结果中显示构件的位置。组成轴网的线段叫轴线，轴线用轴号命名定距。在工程案例中要准确地完成轴网建模，首先要了解"直线轴网"中的各项基本命令，其次是掌握轴网信息及布置的操作步骤。

1. "直线轴网"命令解析

设置"直线轴网"界面如图 7 - 7 所示。

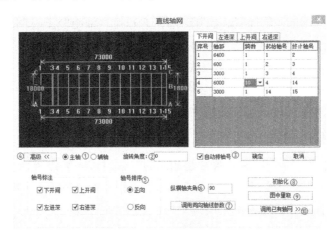

图 7 - 7 "直线轴网"界面

① 主轴和辅轴：主轴在每一层都有显示，辅轴只在当前层显示。

② 旋转角度：整个轴网相对于坐标原点的旋转角度，软件默认为 0°，可以根据项目需求进行调整。

③ 自动排轴号：根据起始轴号的名称，自动排列其他轴号的名称。如需自定义轴号，只需将前面的"√"去掉即可。

④ 直线轴网"高级"展开命令：包括"轴号标注"下面的四个选项（下开间、上开间、左进深、右进深），主要用于轴号的显示与隐藏，选择对其方向需要的选项，如不需要显示，将前面的"√"去掉即可。

⑤ 轴号排序：可以正向、反向排序（选择自动勾选"√"）。

⑥ 纵横轴夹角：是指横向轴网和纵向轴网之间形成的角度，软件默认为 90°。

⑦ 调用同向轴线参数：如果上下开间（左右进深）的尺寸相同，输入下开间（左进深）的尺寸后，切换到上开间（右进深），左键单击"调用同向轴线参数"按钮，上开间（右进深）的尺寸将会复制已输入的下开间（左进深）的尺寸，开间同进深。

⑧ 初始化：将轴网恢复到初始状态。相当于清除本次操作的所有内容，使用该命令后绘制图形窗口内的内容将全部清空。

⑨ 图中量取：在原 CAD 图纸中量取两轴间的距离。

⑩ 调用已有轴网：单击此命令，可以找到在本工程中曾经建过的轴网，直接编辑使用，可以加快建立轴网的速度。

2. 轴网布置操作步骤

下面根据某储运公司的办公楼工程实例，详细讲解建立轴网的操作步骤（在软件中对编辑参数方向的轴线和标注轴距都呈黄色，其他的为绿色）。

参考首层轴网平面图，建立该工程轴网，具体操作如下。

▶ 第一步，创建直线轴网

单击"⊞ 直线轴网"图标，软件默认会自动落在下开间"轴距"上，调整轴距再按 < Enter > 键编辑第二轴的参数，以此类推。下开间轴距是 6400—600—3000—6000—6000—6000—6000—6000—6000—6000—6000—6000—3000（其中 4 轴到 14 轴的轴距都是 6000，所以在跨数里面输入 10，软件会默认到跨数，对轴号进行自动排序）。左进深轴距是 10000—8000。单击"左进深"，输入 10000 按 < Enter > 键再输入 8000。

▶ 第二步，调用同向轴线参数

本工程的上下开间（左右进深）尺寸是相同的，这时进入高级界面，单击"调用同向轴线参数"按钮。如轴网在建模过程中不慎删掉可单击"直线轴网"，进入高级界面，单击"调用已有轴网"按钮可将已建好的轴网调出来，如图 7 - 7 所示。

▶ 第三步，直线轴网布置

确定好开间和进深尺寸后单击"确定"按钮，回到软件绘图界面，软件提示确定位置，即轴网的建立位置，一般确定原点为插入点（输入法在英文状态下输入（0，0），软件会自动识别坐落到 X、Y 交点处），之后单击鼠标右键确定，然后单击"全平面显示"按钮即可，如图 7 - 8 所示。

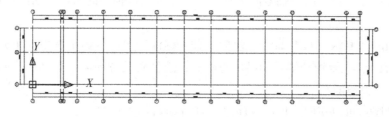

图 7 - 8　建立好的直线轴网

7.2.2　CAD 转化轴网

轴网是建模前必要的定位图形，利用 CAD 转化轴网能快速方便地完成轴网的绘制。本部分利用一层平面图转化轴网。

1. "转化轴网"命令解析

转化主轴/次轴：主轴在软件中每一层同一位置都有显示，次轴同辅轴一样只在本层显示。

提取轴网：将轴线和轴符按图层、局部和局部图层等方式进行提取。

2. 轴网转化操作步骤

CAD 转化通常从首层开始，工具栏中将楼层切换到首层。进行轴网的 CAD 转化，需要将轴网的 CAD 相关图纸带基点复制到软件中，一般首层柱平面图中的轴网是最全的，所以将首层柱平面图导入软件进行转化。

▶ 第一步，CAD 转化步骤

通过本书 5.4.2 章节中"带基点复制"命令将图纸复制到软件中，在菜单栏中选择"CAD 转化"→"转化轴网"命令，可以选择转化主轴还是次轴，如图 7 - 9 所示。选择完成后，弹出如图 7 - 10 所示对话框。

图 7 - 9　转化轴网

图 7 - 10　　"转化轴网"对话框

▶ 第二步，提取轴网

1) 单击"轴符层"下方的"提取"按钮，对话框消失，在图形操作区中选择已调入的 dwg 图中一个轴网的标注，选择好后，按 < Enter > 键确认，对话框再次弹出显示轴符层界面。

2) 单击"轴线层"下方的"提取"按钮，对话框又消失，在图形操作区中选择已调入的 dwg 图中的一个轴线，选择好后，按 < Enter > 键确认。

▶ 第三步，完成转化

提取完轴符层、轴线层后单击"转化"按钮，软件自动转化轴网。转化成功的一层轴网如图 7 - 11所示。

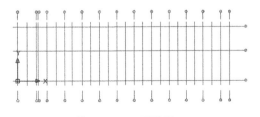

图 7 - 11　一层轴网

7.2.3 CAD 转化轴网疑难点

【问题】若轴网已经分解一次仍无法转化，该如何处理？

【建模思路】轴网转化是所有转化中最简单的，但是前提条件是能够单独提取轴号、轴线的信息。

【操作方法】利用 CAD "EXPLODE" 分解命令对图纸进行分解，确保鼠标选择轴网和轴符时都是单独的线条。

分解前后的轴网如图 7 - 12、图 7 - 13 所示。

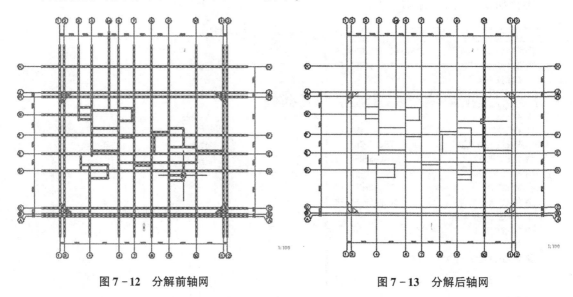

图 7 - 12　分解前轴网　　　　　　图 7 - 13　分解后轴网

7.2.4 轴网设置要点

参考一层平面图，建立该工程轴网。具体操作步骤如下。

▶ 第一步，轴网参数及布置

下开间：相关参数对应输入。

上开间：同下开间，用"高级"命令调用同向轴线参数来完成。

左进深：相关参数对应输入。

右进深：同左进深，用"高级"命令调用同向轴线参数来完成。

▶ 第二步，增加主轴

单击左边中文工具栏↓增加主轴↘图标。

1）选择一根参考轴线，用鼠标左键选取一条参考轴线，参考轴线与插入的目标轴线相互平行。

2）输入偏移距离，输入目标轴线与参考轴线的距离，单击鼠标右键确认。

注意：注意正负号，"+"表示新增的轴线在原来轴线的右方或上方，"-"则反之。

3）输入新轴线的编号 "< * / * >:"，此时可以输入新轴线编号，再按 < Enter > 键确认；也可以再单击鼠标右键确认使用软件默认的轴线编号。

思考与练习

轴网布置后，发现个别轴距填写错误，如何快速重新布置或调取？

7.3　绘制柱子（含 CAD 转化）

7.3.1　手动布柱

柱在工程结构中主要承受压力。通过读图，首先了解柱的截面尺寸，在 "属性定义" 中进行设置，可设置的内容包括截面信息、混凝土等级、标高、施工方式、模板类型等；然后通过 "点击布柱" 等常规命令把柱布置在图纸相应的位置上；布置完成后，再进行详细的检查，检查的内容包括柱截面信息、混凝土等级、标高、施工方式、模板类型等。这里以一层构件 KZ4 为例讲解在实际工程中混凝土柱的属性定义与布置流程。

1. 柱大类构件命令解析

柱属性定义：将柱的基本截面、标高信息等按照要求进行完整定义。

点击布柱：柱为点状构件，将定义好的柱在绘图区中进行点击布置。

高度调整：对个别构件进行高度调整，可调整高度的构件是指属性中带有标高的构件。

2. 柱布置操作步骤

参考首层柱平面图，绘制该工程首层柱。具体操作如下：

▶ 第一步，KZ4 属性定义

单击工具栏中 "属性定义" 按钮 ，也可双击左边属性工具栏空白处，进入构件属性定义界面，如图 7 - 14 所示。

图 7 - 14　属性工具栏

选择构件为 "柱" → "砼柱"，确认对话框中显示楼层为 "1 层"。

单击对话框中图形显示区域的空白处，弹出"断面编辑"对话框，选择与工程图纸中相对应的断面形式，KZ4 为矩形断面，单击"确定"按钮。

在"断面编辑"对话框中修改断面尺寸，将鼠标指针移动到断面尺寸上会变成"手"的形状，这时点击尺寸数字，修改 KZ4 的尺寸为"500×500"，这样即完成了 KZ4 的属性定义。其他的柱类构件依照此方法，单击"增加"按钮，分别定义，如图 7-15 所示。

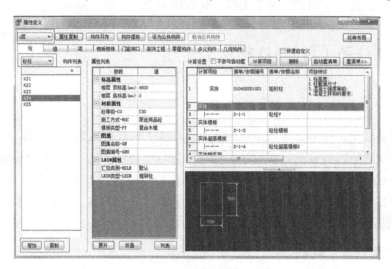

图 7-15　KZ4 属性定义

▶ 第二步，柱布置

单击左边中文工具栏中 🔻点击布柱 图标。

1）弹出"偏心转角"对话框，通过此对话框可以在布置柱子的时候同时设置柱子的旋转角度以及距离插入点的偏向距离，如图 7-16 所示。

2）参照图纸，在模型中轴网相同位置处指定柱子的插入点。如布置 1 轴和 C 轴交点处的 KZ4，在两轴交点处单击即可将 KZ4 布置好，如图 7-17 所示。

3）对于不在 X、Y 轴中心点的柱子偏心的设置方法。如布置 1 轴和 A 轴交点处的 KZ4，在"偏心转角"对话框的参数设置如图 7-18 所示。

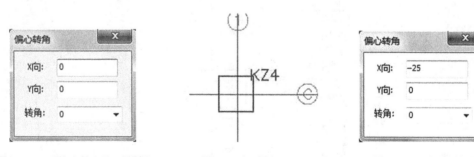

图 7-16　"偏心转角"对话框　　　图 7-17　插入 KZ4　　　图 7-18　偏心设置

4）设置偏心：单击左边中文工具栏中 🔲设置偏心 或者 🔲批量偏心 图标。软件自动将绘制好的柱子标注上偏心尺寸，如图 7-19、图 7-20 所示。

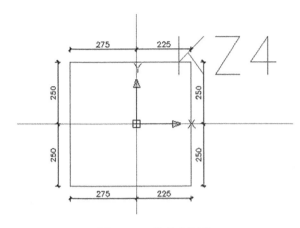

图 7 - 19　柱偏心调整

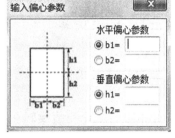

图 7 - 20　偏心参数设置

左键单击需要修改的标注，弹出"输入偏移"对话框，如图 7 - 21 所示。在输入框中输入该位置标注的实际偏移标注，单击"确定"即可。

注意："设置偏心"与"批量偏心"也适用于矩形独基与矩形桩基。

5）高度调整：在"基础 ~ 4. 450 柱平面配筋图"中，KZ4 标高为"基础至 5. 000m"，而不是"4. 450m"，在布置 KZ4 后，需要单独调整 KZ4 的标高，用"高度调整"命令将 KZ4 的标高调整为"5. 000m"，也可在柱属性定义时进行修改。

图 7 - 21　输入偏移

单击工具栏中"高度调整"按钮后，左键选择要调整高度的构件，单击鼠标右键确定，在弹出的对话框中取消勾选"高度随属性"，输入构件的顶标高和底标高，单击"确定"按钮即完成了"高度调整"的操作，调整后柱的名称将变为蓝色。

一层柱平面显示效果如图 7 - 22 所示，一层柱三维显示效果如图 7 - 23 所示。

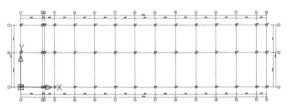

图 7 - 22　一层柱平面显示效果

图 7 - 23　一层柱三维显示效果

7. 3. 2　CAD 转化柱

当有电子版图纸时，可以利用 CAD 转化加快建模速度。一般转化完轴网（见 7. 2. 2 CAD 转化轴网）后，可以先后对柱、梁、墙进行转化。这里以二层柱转化为例进行讲解，首先将"二层柱平面图"调入，然后利用 CAD 转化命令完成柱构件的建模。

1. 柱转化命令解析

提取柱：将柱边线和柱标识按图层、局部和局部图层等方式进行提取。

标识符：输入图纸中柱的标识符号，软件识别符号自动转化。

2. 柱转化操作步骤

参考柱平面配筋图，转化该工程二层柱。具体步骤如下：

▶ **第一步，转化柱准备**

首先对相关图纸进行调取，之后在菜单栏中选择"CAD转化"→"转化柱状构件"命令，弹出"转化柱"对话框，如图7-24所示。

选择好相应的转化类型及转化范围，"转化类型"选择"砼柱"，"转化范围"选择"当前楼层"（如选择"全部楼层"，在本层所进行的转化柱构件的操作，转化结果柱将会在每一层均出现，可根据图纸需要选择转化范围）。

图7-24 "转化柱"对话框

▶ **第二步，提取柱**

1）单击"标注层"下方的"提取"按钮（图7-24），"转化柱"对话框消失，在图形操作区已调入的dwg图中单击选取任意一个柱的编号或名称，选择好后，按住鼠标拖动图纸，保证所有柱的标注均被选择到（有时标注可能不在同一层内绘制，需多次点选），按<Enter>键确认，"转化柱"对话框再次弹出。

2）单击"边线层"下方的"提取"按钮，"转化柱"对话框消失，在图形操作区已调入的dwg图中单击选取任意一个柱的边线，保证所有柱的边线均被选择到，选择完毕后，按<Enter>键确认，"转化柱"对话框再次弹出。

3）根据图纸上柱的编号或名称单击"标识符"后面的▼，在下拉选项中选择正确的标识符，对于"不符合标识"可单击后面的▼下拉选择"转化"或"不转化"。

软件将默认自动保存上一次的转化参数设置（退出软件后清空该参数或者进行删除）。

▶ **第三步，转化柱**

完成上述操作后单击"转化"按钮（图7-24），完成柱的转化。此时软件已对原dwg文件中的柱重新编号（名称），相同截面尺寸编号相同。同时"柱属性定义"中会列入已转化的柱的名称；"自定义断面—柱"中会保存异型柱的断面的图形。

注意：转化构造柱、暗柱、自适应暗柱、柱状独立基操作同转化柱。

转化成功的二层柱平面显示效果如图7-25所示。

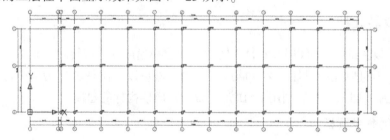

图7-25 二层柱平面图

7.3.3　CAD 转化柱疑难点

【问题】柱子不能进行转化是怎么回事？转化柱子后，发现转化的结果并没有按照图纸的要求进行处理，是哪里出了问题？

【建模思路】柱子不能进行转化一般是柱子边线没有。柱转化要求柱子边线和柱名称能够合理地匹配起来，需要尽量拉近两个参数的距离，如果标注得较远，转化效率就比较低。CAD 原图如图 7-26 所示。

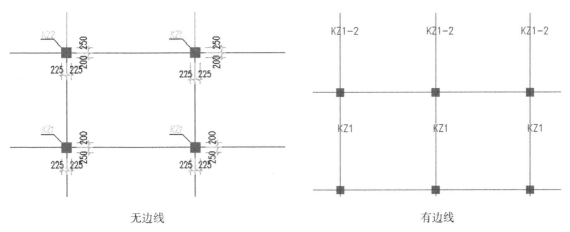

无边线　　　　　　　　　　　　　　　　有边线

图 7-26　柱图无（有）填充边线对比

【操作方法】

菜单栏"CAD 转化"→"CAD 预处理"→"生成填充边线"。

7.3.4　柱体转化注意要点

在菜单栏中选择"CAD 转化"→"转化柱状构件"命令，弹出"转化柱"对话框，如图 7-27 所示。

1）"转化类型"选择"砼柱"，"转化范围"选择默认为"当前楼层"，可以在其下拉列表框中选择"全部楼层"选项（所有楼层的柱子截面属性、标高等全部相同的情况下可选择该功能），单击"标注层"框下方的"提取"按钮，对话框消失，在图形操作区已调入的 dwg 图中选取一个柱的编号或名称，选择好后，按＜Enter＞键确认。

2）单击"边线层"框下方的"提取"按钮，对话框又消失，在图形操作区已调入的 dwg 图中选取一个柱的边线，选择好后，按＜Enter＞键确认，对话框再次弹出，将"识别符"选为"KZ"。

图 7-27　"转化柱"对话框

3）单击"转化"按钮，转化好柱子之后将复制过来的 CAD 图纸进行清除。

（1）自行建立 3 层柱构件。

（2）在工程中，如果柱子的角度旋转了 60°，该如何设置？

7.4 绘制墙体（含 CAD 转化）

7.4.1 手工布置墙体

本工程一层墙体均为砖墙，分别为砖内墙 200（ZNQ200）、砖内墙 100（ZNQ100）、砖外墙 200（ZWQ200）。在进行墙属性定义时需要注意参照建筑总说明，设置墙的材质、砂浆等级以及砖等级。布置墙时，需要注意墙与轴线的位置关系，注意是中心线、内边线还是外边线与轴线重合，具体可根据已布置好的柱来进行定位。墙体全部布置完成后，需要进行"合法性检查"，查找是否有未封闭墙区域，然后用"0 墙闭合、拉伸闭合、倒角闭合"等方法处理修改。了解了墙的布置流程后，下面以 ZWQ200 为例进行操作详解。

1. 墙大类构件命令解析

墙属性定义：将墙的厚度、材质、砖等级、砂浆等级、标高信息等按照要求进行完整定义。

绘制墙：墙为线性构件，将定义好属性的墙在绘图区中进行连续布置。

合法性检查：检查绘制好的计算模型中对应相关的规范不合理的情况。

2. 墙布置操作步骤

参考一层平面图，绘制该工程首层墙。具体操作如下：

▶ 第一步，砖墙属性定义

单击工具栏中"属性定义"按钮 ，也可双击左边属性工具栏空白处（同柱），进入构件属性定义界面，选择构件为"墙"→"砖外墙"，确认对话框中显示楼层为"1 层"。

如需对构件名称进行修改，双击即可，为方便在模型中快速找到该构件并与 CAD 图纸进行对照，将其命名为"ZWQ200"。修改墙厚、楼层顶（底）标高、材质、砂浆等级、砖等级等参数。其他的墙类构件依照此方法，单击"增加"按钮，分别定义，如图 7-28 所示。

▶ 第二步，砖墙绘制

1）单击左边中文工具栏中 绘制墙图标，弹出"输入左边宽度"对话框，将光标放在图 7-29 中的"左边、居中、右边"时，会提示相应的图例，根据图纸所示墙体的具体位置选择。

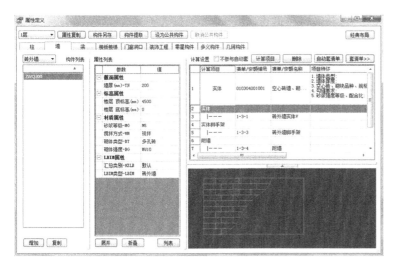

图 7-28 砖墙属性定义   图 7-29 "输入左边宽度"对话框

2）根据图纸上对于墙体的定位，在软件中绘制外墙墙体时需沿混凝土柱外侧边。如 1 轴处的墙，由下向上绘制，即顺时针方向绘制，同时选择"右边"，即可沿混凝土柱外边向上绘制墙体（由上向下绘制，即逆时针方向，选择"左边"，沿混凝土柱外边向下绘制），如图 7-30 所示。

▶ 第三步，高度调整

在本例图中，一层板结构图 1 轴到 2 轴部分的板顶标高为 5.000m，与其他不同，可以采用将四周的墙高度用"高度调整"命令进行调整，也可采用"随板调高"命令，把相应四周的墙体调整为 5.000m。这两种方法都可完成不同墙高墙体的修改操作，如图 7-31 所示。

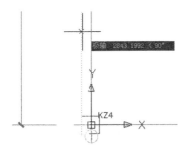

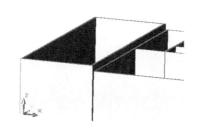

图 7-30 砖墙绘制   图 7-31 二层砖墙

▶ 第四步，合法性检查未封闭墙区域

一层墙全部绘制完成后，单击"合法性检查与修复"按钮，弹出如图 7-32 所示"自动修复"对话框，勾选"未封闭墙区域"后，进行检查，弹出检查结果，如图 7-33 所示，双击未封闭位置，可回到图中进行反查，然后修改未封闭区域。

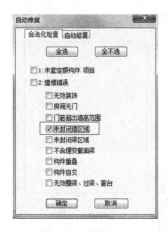

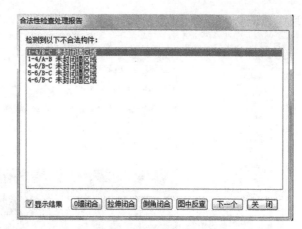

图 7-32　合法性检查　　　　　　　　　图 7-33　未封闭墙区域

　　修改未封闭区域，软件提供三种修改的方法：0 墙闭合（0 墙：模拟墙体，用以打断和封闭墙体，起分割闭合作用，该墙体不进行工程量的计算）、拉伸闭合和倒角闭合，可根据模型中的实际情况选择闭合的方式。如图 7-34 所示情况，可采用拉伸闭合；如图 7-35 所示情况，可采用 0 墙闭合的方式。

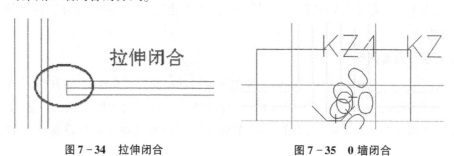

图 7-34　拉伸闭合　　　　　　　　　图 7-35　0 墙闭合

　　一层墙平面显示效果如图 7-36 所示，一层墙三维显示效果如图 7-37 所示。

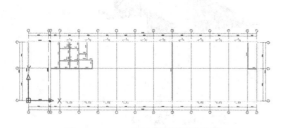

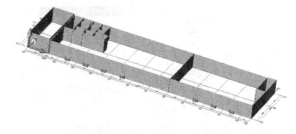

图 7-36　一层墙平面显示效果　　　　　　图 7-37　一层墙三维显示效果

7.4.2　CAD 转化墙体

1."转化墙体"命令解析

　　最大合并距离：针对图纸上门窗和墙体的局部是断开的，设置最大距离是为了转化时墙体在门窗位置能够自动相连。

选择门窗洞边线层：软件将自动处理转化墙体在门窗洞处的相连。

提取墙：将墙边线层、墙边线颜色、厚度层进行提取。

2. 转化墙体操作步骤

参考二层平面图，转化该工程二层墙体，具体步骤如下。

▶ **第一步，转化墙准备**

先调入一张"二层平面图"，执行"隐藏指定图层"命令，隐藏掉除墙线外的所有线条，在菜单栏中选择"CAD 转化"→"转化墙体"命令，弹出"转化墙"对话框，如图 7 - 38 所示，单击"添加"按钮，弹出如图 7 - 39 所示对话框。

图 7 - 38　"转化墙"对话框

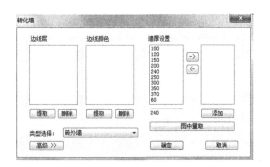

图 7 - 39　转化墙体提取设置

▶ **第二步，提取墙厚**

选取或者输入图形中所有的墙体厚度。对于常用的墙体厚度值可以直接选中"参考墙厚"的列表数据，单击"箭头"调入"已选墙厚"的框内。也可在"墙厚"的对话框中直接输入数据，单击"添加"按钮调入"已选墙厚"的框内。

如果不清楚施工图中的墙厚，可以单击"图中量取"按钮，直接在图纸中量取墙厚，量取的墙厚软件添加在"墙厚"的对话框中，单击"增加"按钮调入"已选墙厚"的框内，如图 7 - 40 所示。

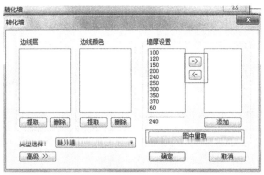

图 7 - 40　墙厚设置

▶ **第三步，提取墙边线**

单击"边线层"下面的"提取"按钮，单击已调入的 dwg 图中任意墙体的边线，这时不同材质的墙体图层边线也会被提取（同一类型性质），之后按 < Enter > 键或单击鼠标右键确认，确认后会在"边线层"下面的列表框中显示出选取图层的名称。

▶ 第四步，提取墙颜色

单击"边线颜色"下面的"提取"按钮，单击已调入的 dwg 图中任意带颜色的墙体，如果不同墙的图层颜色不同，需选择不同颜色墙的墙边线各一段，之后按 < Enter > 键或单击鼠标右键确认，确认后会在"边线颜色"下面的列表框中显示出选取图层颜色的代称。

▶ 第五步，选择门窗边线

单击"高级"按钮，在出现的对话框中选择"选择门窗洞边线层"→"选门窗洞"选项，单击已调入的 dwg 图中任意门窗洞的边线，之后按 < Enter > 键或单击鼠标右键确认，确认后会在"选择门窗洞边线层"下面的列表框中显示出提取的门窗图层的代称，软件将自动处理转化墙体在门窗洞处的连通，如图 7 - 41 所示。

同时可以设置转化的范围，具体同柱体的转化，设置完成后单击"确定"按钮。

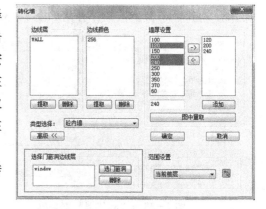

图 7 - 41　选择门窗洞边线层

▶ 第六步，转化类型选择

转化后的墙体"类型选择"（图 7 - 42），一次只可以选择一种墙体类型进行转化，可以根据平面图来确定，选择图形中较多的构件类型进行转化，转化完成后可用"名称更换"命令进行修改（详参 7.11.6 节）。

一般 dwg 电子文档中的门窗洞口绘制在不同于墙体的图层，一段连续的墙被其他门窗洞分隔成数段，因此直接转化过来的墙体是一段一段的。这时可以在"设置形成墙体合并的最大距离"文本框中输入墙体断开的最大距离（即门窗洞口的最大宽度），也可以单击"图中量取"从图中直接量取该距离完成设置，这样转化过来的墙体就是连续的，如图 7 - 43 所示。

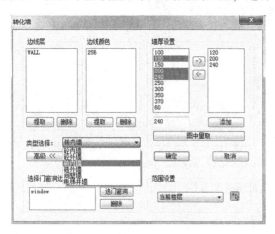

图 7 - 42　墙体转化类型选择

图 7 - 43　设置形成墙体合并的最大距离

设置完成后，单击"转化"按钮，软件自动转化。软件将默认自动保存上一次转化参数设置（退出软件后清空该参数）。

注意：

1）如果结构比较复杂，转化构件的效果不是很好，可以在调入 dwg 文件的图形后，以描图的方式绘制墙，这样可以减少查看图纸和绘制图形的难度和时间。尽量将该楼层图形中的墙体的厚度全部输入，这样可提高图形转化的成功率。

2）因为转化的时候选择的是砖内墙，所以最后要用构件"名称更换"命令把外面局部的一圈墙体更换为砖外墙。

转化成功的二层砖墙平面显示效果如图 7 - 44 所示，三维显示效果如图 7 - 45 所示。

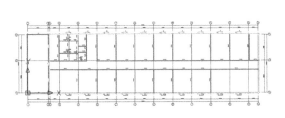

图 7 - 44　二层砖墙平面显示效果

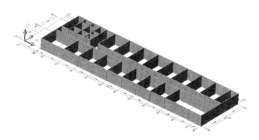

图 7 - 45　二层砖墙三维显示效果

▶ **第七步，转化混凝土墙**

该工程的三层楼梯间上面的女儿墙为混凝土墙。混凝土墙的转化方式和砖墙的转化方式一样，之后对局部标高进行调整即可，在工程设置的时候，这部分的女儿墙体和屋面单独在另一层建模，定义为4层，由图纸上的信息可知本层只有一圈女儿墙（厚度为150，楼层标高为500）。

楼梯间上部女儿墙及屋面平面图如图 7 - 46 所示，三维显示效果如图 7 - 47 所示。

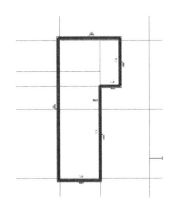

图 7 - 46　楼梯间上部女儿墙及屋面平面图

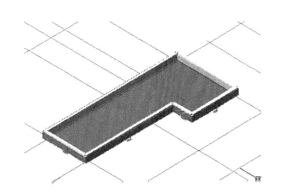

图 7 - 47　楼梯间上部女儿墙及屋面三维显示效果

7.4.3　墙建模要点

参考一层平面图，建立该工程首层墙，具体操作如下。

墙属性定义：本工程墙体厚度均为 200mm，高度为楼层标高。进入构件属性定义界面，分别定义砖内墙200和砖外墙200，同时注意标高的设置和材质的选择。

墙布置：①根据图纸及软件中轴网定位绘制出墙体。②形成外墙外边线。

单击中文工具栏中 形成外边 图标，外墙一周形成绿色的边线便是外墙外边线，对于后面形成建筑面积线、装饰、板等起了非常重要的作用。

7.4.4 墙体转化注意要点

CAD转化墙体，一般情况下非常规范的图纸墙体转化很完整，但有时候有些图纸转化不是很完整。因此转化好墙后，一定要对照CAD图纸进行核对是否转化完整，如果不完整，则应手动进行调整。

转化过来的墙体有部分区域没有闭合，应手动进行修复，如图7-48所示，此处为墙转角部分，因此单击 按钮，然后单击一道墙体，再单击另一道墙，构件自动闭合。

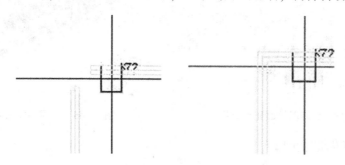

图7-48 墙体闭合

另一种情况是T字形墙体没有闭合，采用构件"伸缩命令" 对此类墙体进行修复。单击要拉伸的那段墙体，根据CAD命令行提示，拉伸使两道墙体闭合。

然后再用构件"名称更换"命令将内（外）墙更换正确。

电梯井墙建模要点

电梯井墙是指高层结构中电梯的筒体结构。参考基础平面布置图，建立该工程电梯井墙。

电梯井墙的属性定义：在属性栏中选择"墙体"→"电梯井墙"命令定义DTQ1，墙厚为200mm，如图7-49所示。

电梯井墙的布置：绘制方法同砖墙，如图7-50所示。

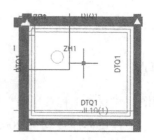

图7-49 电梯井墙属性定义　　图7-50 电梯井墙绘制

思考与练习

（1）在同一个位置怎么布置两种材质的墙体？

（2）为什么要形成外墙外边线？

（3）如果墙布置错了，是否需要重新布置？

7.5　绘制梁体（含 CAD 转化）

7.5.1　手动绘制梁

梁分为框架梁、独立梁、次梁、连梁、圈梁和过梁，此处着重讲解框架梁和次梁。梁在属性定义时需注意截面尺寸、混凝土等级及标高设置，梁布置完成后，需进行识别支座的操作，以方便导入鲁班钢筋的后续建模。下面以一层的框架梁 KL2 为例进行讲解。

1. 梁大类构件命令解析

梁属性定义：将梁的基本截面形状及尺寸、标高等信息按照要求进行完整定义。

绘制梁：梁为线性构件，将定义好的梁在绘图区中进行连续布置。

识别支座：将布置好的梁构件进行支座识别。

编辑支座：对布置好的梁进行个别跨截面信息、标高的修改调整。

2. 梁布置操作步骤

参考二层梁配筋图，绘制该工程首层梁（一般图纸中二层梁即为首层顶部梁，因此绘制在首层）。具体操作如下：

▶ 第一步，梁属性定义

单击工具栏中"属性定义"按钮　，打开"属性定义"对话框，也可双击左边属性工具栏空白处，进入构件属性定义界面，选择构件为"梁"→"框架梁"，确认对话框中显示楼层为"1 层"。

属性定义方法同柱，可修改的信息为梁截面尺寸、楼层顶标高、混凝土等级，图纸中 KL2 的截面尺寸为 300×600（楼层顶标高、混凝土等级等在工程设置中已设置过，没有特殊要求采用默认信息即可）。其他梁按照相同的方法定义，本工程框架梁编号为 KL1～KL13，次梁编号为 L1～L5，如图 7 – 51 所示。

▶ 第二步，梁绘制

1）单击左边中文工具栏中　绘制梁 →0图标，弹出"输入左边宽度和顶标高"对话框，光标放在图 7 – 52 中的"左边、居中、右边"时，会提示相应的图例，可根据图中构件位置进行选择。

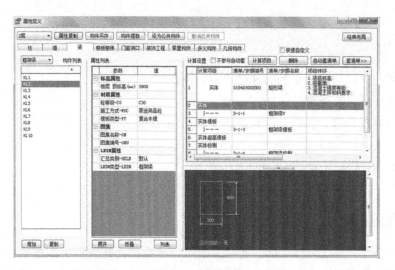

图 7-51 梁属性定义

2）绘制 4—14/C 轴上的 KL2，梁外边线沿柱外边，绘制时从 4 轴开始，由左向右，即顺时针方向，选择"右边"，沿混凝土柱外边线向右进行绘制（如由右向左，即逆时针方向，选择"左边"，沿混凝土柱外边线向左进行绘制），如图 7-53 所示。

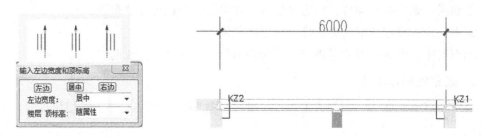

图 7-52 输入左边宽度和顶标高   图 7-53 绘制 KL2

▶ 第三步，梁识别支座

布置好的梁为暗红色，表示处于无支座、无原位标注的未识别状态，如图 7-54 所示。

1）单击左边中文工具栏 识别支座图标，点选或框选需要识别的梁，这时被选中的梁体变虚，按 < Enter > 键确认即可，已识别的梁变成蓝色（框架梁）或灰色（次梁），如图 7-55 所示。

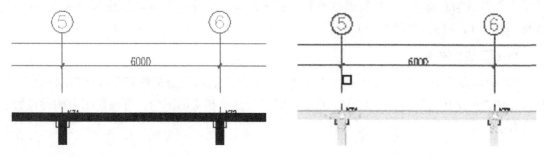

图 7-54 绘制完成的 KL2   图 7-55 已识别的 KL2

注意：

① 梁可以以框架柱、暗柱、梁及墙等为支座，逐根进行支座识别。

② 识别支座也可批量进行，可框选所有未识别的暗红色梁，同时完成识别。

2) 识别支座后，如发现支座跨数与图纸中不同，可以用"编辑支座"命令修改。

单击左边中文工具栏中的 ![编辑支座] 图标，选中已经识别好支座的梁，被选中的梁体变虚，单击支座位置，切换"叉"（非支座）和"三角"（有支座）确认是否为支座，如图 7 - 56 所示。

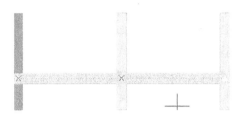

图 7 - 56　编辑支座

注意：

① 编辑支座用于自动识别的支座与图纸还不完全一致的时候，对已识别的支座进行删除或增加的编辑操作。

② 在编辑支座时，显示黄色三角为有支座处，显示红色的叉为非支座标识。

▶ **第四步，梁高度调整**

在本例二层板结构图中，1 轴到 2 轴的板顶标高为 5.000m，与通过工程设置默认的标高不同，和墙体一样，相应板下梁同样需要使用"高度调整" ![CAD] 命令来调整标高（KL10/KL11/KL12/KL13），如图 7 - 57 所示。

图 7 - 57　梁高度调整

次梁的布置方法同框架梁。经过以上操作，一层梁平面显示效果如图 7 - 58 所示；一层梁三维显示效果如图 7 - 59 所示。

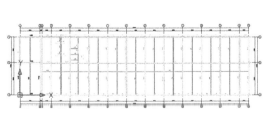

图 7 - 58　一层梁平面显示效果

图 7 - 59　一层梁三维显示效果

7.5.2　CAD 转化梁

现以本工程二层梁 CAD 转化为例进行讲解。

1. 梁转化命令解析

提取梁：将梁边线和梁标识按图层、局部和局部图层等方式进行提取。

标识符：输入图纸中柱的标识符号，软件识别符号自动转化。

2. 梁转化操作步骤

参考屋面层梁配筋图，转化该工程二层梁。

▶ **第一步，转化梁准备**

先调入"屋面层梁配筋图"，在菜单栏中选择"CAD 转化"→"转化梁"命令，弹出"转化梁"对话框，软件提供了三种转化方式，如图 7－60 所示。

1）根据梁名称和梁边线确定梁尺寸转化。软件自动判定 dwg 文件中的梁集中标注中的梁名称以及梁尺寸，并与最近的梁边线比较，集中标注中的尺寸与梁边线尺寸相符，软件便自动转化。

2）根据梁名称确定梁尺寸转化。软件自动判定 dwg 文件中的梁集中标注中的梁名称以及梁尺寸，不与最近的梁边线比较，按照最近原位标注的尺寸进行自动转化。

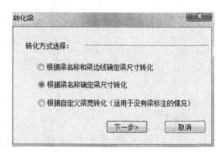

图 7－60　梁的转化方式

3）根据自定义梁宽转化（适用于没有梁标注的情况）。

根据本工程算量平面图的情况，选择第一种转化方式，即"根据梁名称和梁边线确定梁尺寸转化"。

▶ **第二步，梁提取**

选择好转化方式后，单击"下一步"按钮，分别提取梁边线层、标注层，弹出如图7－61所示对话框。

1）单击"边线层"按钮，选取导入的图纸"屋面层梁配筋图"中梁体的边线，按 < Enter > 键或单击鼠标右键确认，确认后会在"边线层"下面的列表框中显示出选取边线的名称。

2）单击"标注层"按钮，选取导入的图纸"屋面层梁配筋图"中梁体的颜色，确认后会在"选择墙边线颜色"下面的列表框中显示出选取标注的名称。

图 7－61　梁特征提取

3）单击"高级"按钮，转化时对该项进行设置，对于梁跨偏移和梁延伸相交自动闭合起到辅助作用，从而让 CAD 转化效率进一步提高。

4）软件将默认自动保存上一次转化参数设置（退出软件后清空该参数）。

▶ **第三步，梁标识符**

单击"下一步"按钮，弹出如图 7－62 所示对话框。

在"设置不同梁构件名称识别符"选项区中可以选择梁体转化的优先级别。

▶ 第四步，转化梁识别的梁信息

单击"下一步"按钮，弹出如图 7 - 63 所示对话框。

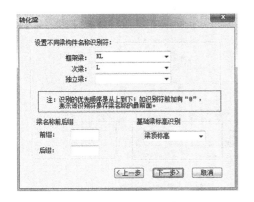

图 7 - 62　梁标识符识别

图 7 - 63　转化梁识别的梁信息

1）可以直接修改原位标注中梁体的断面尺寸以及层高、名称的参数信息，扩充了转化范围。

2）勾选"仅显示无断面的梁"复选框，可以直接查看没有提取到原位标注信息的梁体，方便直接修改。

▶ 第五步，转化梁

单击"转化"按钮，即可完成梁体的转化。转化成功的二层梁平面显示效果如图 7 - 64 所示，三维显示效果如图 7 - 65 所示。

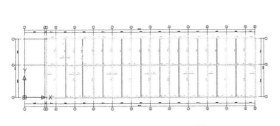

图 7 - 64　二层梁平面显示效果

图 7 - 65　二层梁三维显示效果

7.5.3　CAD 转化梁疑难点

【问题 1】现在图纸中梁 X 向、Y 向标注是分开的，如图 7　66 所示，对于这样的图纸如何处理？

【建模思路】利用 CAD 镜像命令或把两个方向的标注集中在一起。

【操作方法】

1）通过 "构件显示" 命令打开指定图层，只打开 Y 向标注，其余都进行关闭，如图 7 - 67所示。

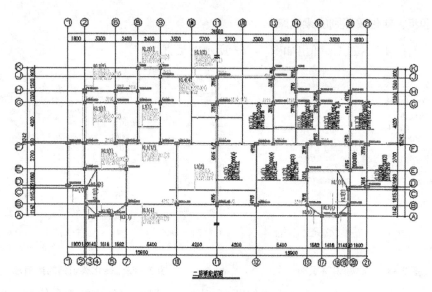

图7-66 梁平面

2）利用"镜像"命令选择 Y 向标注，然后镜像到对面。镜像后的效果图如图7-68 所示。

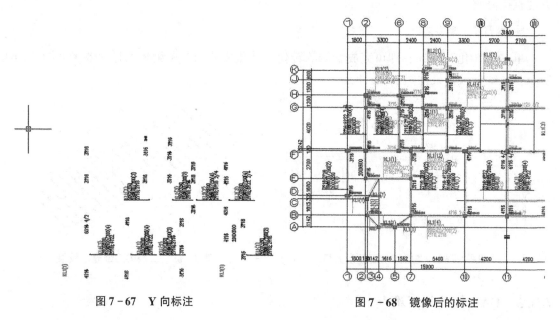

图7-67 Y 向标注   图7-68 镜像后的标注

3）进行梁的转化。

【问题2】CAD 转化要求构件尺寸为实际尺寸，但是图纸并不是按照 1:1 绘制，如何调整？

【建模思路】如图7-69 中"1116"为实际尺寸，"3100"为标注尺寸，可以用"缩放"命令进行调整。

【操作方法】

1）框选图纸，在命令行输入"SC"后按<Enter>键，然后指定一个基准点。

2）在命令行"指定比例因子或［复制（C）/参照（R）］"中输入"R"按<Enter>键，指定图纸上3100 这一段参照长度。

3）在命令行提示"指定新的长度［点（P）：］"中直接输入 3100 按<Enter>键后图纸就会把原图放到正确的 1:1 的比例。

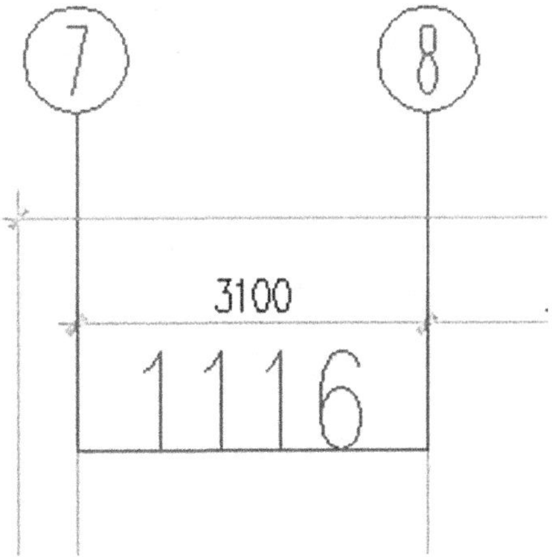

7.5.4　梁体转化注意要点

1）如果梁体的图层不同，需完全提取垂直标注
和水平标注。按<Enter>键或单击鼠标右键确认后，会在边线层下面的对话框中显示出选取边线的名称。

2）如果梁实线和梁虚线是不同图层，需要同时提取。按<Enter>键或单击鼠标右键确认后，会在"选择墙边线颜色"下面的对话框中显示出选取标注的名称。

3）单击"高级"按钮，可以对增加了梁跨偏移和梁延伸相交自动闭合的参数进行设置，从而让 CAD转化效率进一步提高。

4）单击"下一步"按钮弹出对话框，如图7－70所示。

软件在转化梁的过程中会自动进行支座识别，所以只要是转化完全的梁会呈现出绿色。因 CAD 图纸的精确度，会有少数梁转化不完整，呈现红色，此时可用"名称更换命令"或者重新定义绘制进行调整。

图 7 - 69　CAD 图纸比例

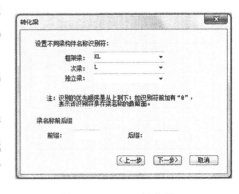

图 7 - 70　CAD 转化梁

思考与练习

（1）对 3 层的梁进行练习布置。

（2）如何按工程要求调整构件的标高？

（3）若工程要求中，梁出现跨变截面时，如何处理？

7.6　绘制楼板、楼梯

7.6.1　绘制楼板

楼板主要分为现浇板和预制板，现在一般的多高层楼房都采用现浇楼板，这里以现浇板为例展开讲解。现浇板与其他主体构件的布置流程基本一致，先进行属性定义，注意板厚和标高的参数设置，其次选择"形成楼板""绘制楼板"等命令进行布置，布置完成后注意检查和修改标高，最后通过"随板调高"命令一键调整墙、柱、梁构件的标高。现以 1 - 2/A - C 轴间的现浇板为例进行操作详解。

1. 板大类构件命令解析

属性定义：将板的厚度等信息按照要求进行完整定义。

形成楼板：可按墙、梁、梁和墙组成的封闭区域生成板。

绘制楼板：任意绘制板的形状。

随板调高：自动调整选择的墙、柱、梁的标高，使其构件高度调整到该墙、柱、梁所处位置处板的板底。

2. 楼板布置操作步骤

参考本工程二层板配筋图，绘制该工程首层楼板，具体操作如下：

▶ 第一步，板属性定义

单击工具栏中"属性定义"按钮，也可双击左边属性工具栏空白处，进入构件"属性定义"界面，选择构件为"楼板楼梯" → "现浇板"，确认对话框中显示楼层为"1层"。构件名称为 XB100，楼板厚度为 100mm，板顶标高为 4500mm，如图 7 - 71 所示。

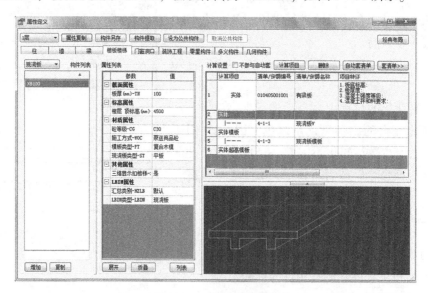

图 7 - 71　楼板属性定义

▶ 第二步，板布置

板的布置可以选择 形成楼板 →0 和 绘制楼板 ←1 两种方式。

1）单击左边中文工具栏中 形成楼板 →0 图标，弹出如图 7 - 72 所示"自动形成板选项"对话框，有三种形成方式供选择。一般选择"按墙生成" → "内墙按中线，外墙按外边线"，选择好构件类型与基线方式后，单击"确定"按钮。平面图中会按照所选的形成方式形成现浇楼板。

注意：选择"按墙生成"的方式，先要形成外墙外边线，才能生成楼板。

图 7 - 72　自动形成楼板

2）单击左边中文工具栏 ⟋绘制楼板 ←¹ 图标，可根据已有的 CAD 图纸进行自由绘制，按照形成楼板的各个边界点依次绘制楼板。

▶ **第三步，楼板高度调整**

本例中由于一层层高设置为 4.500m，但 1 轴到 2 轴部分板顶的标高为 5.000m，因此在一层模型建好后，需要用"高度调整" 命令将 1～2 轴之间的楼板顶标高修改为 5.000m。

▶ **第四步，随板调高**

单击 图标，选中要提取的墙、柱、梁，单击鼠标右键确定，弹出如图 7 - 73 所示"随板调高"对话框。对话框中显示当前共有多少个构件调整高度成功，"未处理构件列表"中的构件支持图中反查，在表中双击该构件名称，软件会自动定位到模型中具体的问题，完成之后单击"关闭"按钮，区域柱、墙、梁随板调整高度完毕。

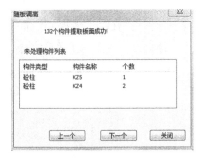

图 7 - 73　"随板调高"对话框

注意：

① 当梁跨过多块板的时候，首先将跨板梁进行打断，并分别随板调整高度。

② 顶棚、吊顶可以随板切割提升。

一层板平面显示效果如图 7 - 74 所示，一层板三维显示效果如图 7 - 75 所示。

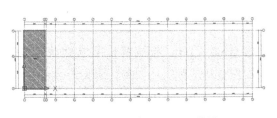

图 7 - 74　一层板平面显示效果

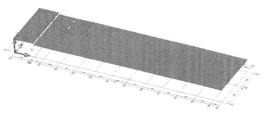

图 7 - 75　一层板三维显示效果

7.6.2　楼梯

楼梯是建筑物中作为楼层间垂直交通用的构件，用于楼层之间和高差较大时的交通联系。在工程案例中要准确地完成楼梯的设置，需要进行两部分工作。首先通过识图，获取楼梯的各细部参数、楼梯类型、具体位置等信息；其次将所了解的信息通过楼梯属性定义，布置到图形界面上。

1. 楼梯小类构件命令解析

楼梯属性定义：对照楼梯详图，将楼梯各细部尺寸等按照要求进行完整定义。

布置楼梯：将定义好的楼梯在绘图区中进行点击布置。

2. 楼梯布置操作步骤

参考一层楼梯平面图，布置本工程首层楼梯。具体操作如下：

▶ **第一步，楼梯的属性定义**

单击工具栏中"属性定义"按钮⬚，也可双击左边属性工具栏空白处，进入构件属性定义界面。选择构件为"楼板楼梯"→"楼梯"，确认对话框中显示楼层为"1层"。单击楼梯断面编辑器，在其中选择所需的楼梯类型，然后根据图纸上给出的数字参数输入并保存。

本工程一层有两个楼梯，断面均为"标准双跑楼梯（类型二）"，可分别命名为"楼梯1一层""楼梯2一层"。下面以楼梯1为例介绍具体尺寸设定，如图7-76所示。

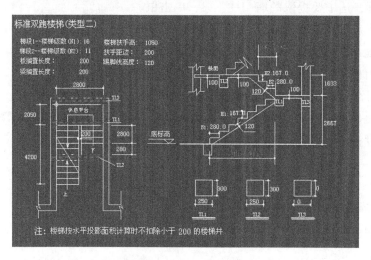

图 7-76 楼梯 1 一层参数

梯段1楼梯级数（N1）：16；梯段2楼梯级数（N2）：11；板搁置长度（默认）：200；梁搁置长度（默认）：200；楼梯扶手高：1050；扶手距边（默认）：200；踢脚线高度：120；B1＝280，H1＝167，楼梯间宽度为2800，休息平台宽度为2050，梯段宽度为4200。

▶ **第二步，布置楼梯**

单击左边中文工具栏中🖉布楼梯⌐8图标。

命令行提示："输入插入点："，选取图中一个点作为插入点。

命令行提示："指定旋转角度，或［复制（C）］／［参照（R）］＜0＞："。

指定旋转角度：如在命令行中输入正值，楼梯逆时针旋转；如在命令行中输入负值，楼梯顺时针旋转。

有楼板的区域内也可布置楼梯，楼板会自动扣减楼梯。楼梯平面显示和三维显示效果，如图7-77、图7-78所示。

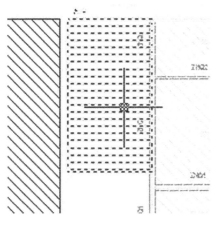

图 7-77　楼梯平面图　　　　　　　图 7-78　楼梯三维图

7.6.3　楼板楼梯建模要点

参考二层板结构平面布置图，建立该工程首层顶板。

参考楼梯 1 楼梯平面图、楼梯 1 楼梯剖面图、楼梯 2 详图、楼梯 3 详图，建立工程楼梯，具体操作如下。

▶ 第一步，楼板、楼梯属性定义

1）楼板：注意楼板高度调整，中间区域楼板高度为 4800mm，其余板高度均随属性，板厚分别为 100mm、120mm、130mm。

2）楼梯：本工程楼梯共有三种，根据平面图和剖面图，分别设置属性，LT1 各参数设定如图 7-79 所示。

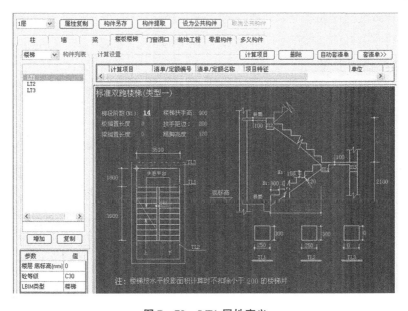

图 7-79　LT1 属性定义

▶ 第二步，楼梯布置

单击左边中文工具栏中 ✎ **布 楼 梯** 图标，选择插入点后，将楼梯绘制在相应的区域内。

注：楼梯尺寸和属性都一样的可以直接采用楼层复制等进行操作。

思考与练习

（1）对 2 层楼梯进行练习布置。

（2）布置楼梯之后，如何让板扣除楼梯的量？

7.7 门窗洞口

7.7.1 手动布置门窗

门和窗都是建筑中的围护结构。门在建筑中的作用主要是交通联系，并兼有采光、通风的作用；窗的作用主要是采光和通风。本节对门窗的属性定义、门窗布置、门窗开启方向的改变三方面内容展开讲解，旨在通过此步骤详解使学生掌握门窗的布置流程及注意事项。

1. 门窗大类构件命令解析

门窗属性定义：将门窗的断面类型、截面尺寸、标高等信息等按照要求进行完整定义。

布门：将定义好的门在绘图区中进行连续布置。

布窗：将定义好的窗在绘图区中进行连续布置。

开启方向：改变门窗在墙上的开启方向。

布过梁：将定义好的过梁在绘图区中进行连续布置。

2. 门窗布置操作步骤

参考一层门窗表、门窗立面图、一层平面图，绘制该工程首层门窗，具体操作如下：

▶ 第一步，门窗的属性定义

单击工具栏中"属性定义"按钮 ▣，打开"属性定义"对话框，也可双击左边属性工具栏空白处，进入构件属性定义界面，选择构件为"门窗洞口"→"门/窗"，确认对话框中显示楼层为"1层"。单击门/窗断面编辑器，在其中选择所需的断面类型，然后根据图纸上已有的长和宽输入即可。

以门 MM0921 为例，单击门断面编辑器，长和高分别输入 900mm 和 2100mm，单击"确定"按钮，完成 MM0921 属性定义，如图 7 - 80 所示。

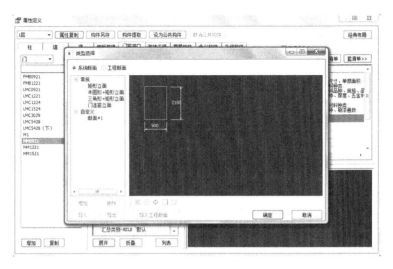

图 7-80　门属性定义

▶ 第二步，门窗布置

单击左边中文工具栏中 布　门→○ 图标，可以在左边的属性工具栏中选择要布置的门/窗。选取好加构件的墙体名称，单击鼠标右键确定，此时命令行提示："指定定位距离或［参考点（R）/插入基点（I）］:"，这时可以采用下列方法布置。

1）随意定位：用鼠标左键在相应位置拾取一点。

2）参考点：输入"R"，按 <Enter> 键确认，改变定位箭头的起始点。

3）输入尺寸定位：鼠标移动确定好方向，直接在命令行输入尺寸。

注意：

① 门为附属构件，必须有墙体存在时才可进行布置。

② 通常情况下，用户可以随意定位门。

▶ 第三步，开启方向

单击左边中文工具栏中 开启方向 图标。

此时命令行提示"请选择门:"，利用鼠标左键选取门，可以选中多个门，按 <Enter> 键确认。

这时命令行提示"按鼠标左键—改变左右开启方向，按鼠标右键—改变前后开启方向"。只需单击鼠标左键，改变门的左右开启方向；或者单击鼠标右键改变门的前后开启方向。

注：窗的定义以及布置的方式和门一样。

7.7.2　CAD 转化门窗

当图纸中有门窗表的情况下可以直接用鲁班转化表，减少定义门窗属性的时间，从而提高建模速度。

1. 转化门窗命令解析

转化门窗表：对门窗表格进行转化，可以快速完成门窗属性定义。

转化门窗：门窗属性定义好以后，提取门窗边线及颜色转化门窗。

2. 门窗转化操作步骤

► **第一步，转化门窗表**

找到"门窗表、门窗立面图"，复制到软件中，在菜单栏中选择"CAD转化"→"转化表"命令，出现"转化表"对话框，如图7-81所示。

框选门窗表中的相关数据（一般只提取门窗编号和洞口尺寸），如图7-82所示，软件会自动将数据添加到"预览"列表中，如果有不需要的或者错误的数据，可以选中列表中的该数据，单击"删除选中"按钮删除，如图7-83所示。

图7-81 转化门窗表

门窗表门窗立面图

类型	编号	洞口尺寸(宽X高)	数量 一层	数量 二层	数量 总计	标准图集	五金	等面	备注
木门	MM0921	900X2100	4	4	8	自编	不锈制		成品门
	MM1221	1200X2100		19	19	自编			
	MM1521	1500X2100	1		1				
铝合金门	LMC1221	1200X2100		2	2	自编	不锈制		
	LMC1524	1500X2400	2		2	自编	不锈制		
	LMC1224	1200X2400	1		1	自编			
	LMC0921	900X2100	1	1	2	自编			
	LMC5428	5450X2800	2		2	自编			
	LMC3029	3000X2900	1		1	自编			
防火门	FMB0921	900X2100	2	2	4	自编			乙级
	FMB1221	1200X2100	1	1	2	自编			乙级
铝合金窗	LC1521	1500X2100	36	40	76	自编	不锈制		
	LC1815	1800X1500	2		2	自编	不锈制		
	LC1214	1200X1400	2	2	4	自编	不锈制		
	LC5406	5450X600	2		2	自编			

图7-82 门窗表提取信息

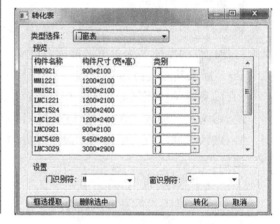

图7-83 提取门窗表的属性

单击"转化"按钮，构件的属性将被自动提取到软件当中，转化完成，如图7-84、图7-85所示。

图7-84 门的属性　　　图7-85 窗的属性

▶ 第二步，转化门窗

1）调入本例工程一层平面图 dwg 文件。

2）在菜单栏中选择"CAD 转化"→"转化门窗"命令，出现"转化门窗墙洞"对话框，如图 7-86 所示。

3）单击"边线层"下方的"提取"按钮，对话框消失，在图形区域内选取 CAD 文档中一个门或窗的图层，选择好后，单击鼠标右键确认，对话框再次弹出。单击"标注层"下方的"提取"按钮，选择好后，单击鼠标右键确认。

4）在"高级"菜单中可以选择门窗的识别符以及没有属性的门窗是否进行转化等选项。

5）单击"转化"按钮即可完成转化。

注意：

① 门窗转化之前必须要有墙体。

② 门窗转化前必须转化门窗表，也就是门窗必须有属性。

图 7-86　转化门窗墙洞

一层门窗平面显示效果和三维显示效果如图 7-87、图 7-88 所示。

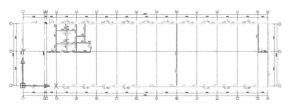

图 7-87　一层门窗平面显示效果

图 7-88　一层门窗三维显示效果

▶ 第三步，过梁布置

过梁布置在门窗洞口上，因此必须要有门窗洞口存在。

1）过梁属性定义：进入"属性定义"对话框，过梁断面采用"随墙厚矩形断面"，也可自动设定过梁断面，选择宽度。过梁高度设置为 250mm，单边搁置长度（默认）为 250mm，如图 7-89 所示。

2）单击左边中文工具栏中 过 梁图标，软件提示"手动生成"和"自动生成"两种布置方式，如图 7-90 所示。

3）选择"自动生成"方式。采用这种方式，软件会根据门窗洞口宽度自动生成过梁。选择"自动生成"，单击"确定"按钮，弹出"自动生成过梁"对话框，在对话框中可根据工程中的过梁表，定义洞口宽度及对应的过梁高度，以及生成的范围和洞口的类别等，单击"确定"按钮即可，如图 7-91 所示。软件自动将表中设置好的过梁同时在属性栏和图形中自动生成。

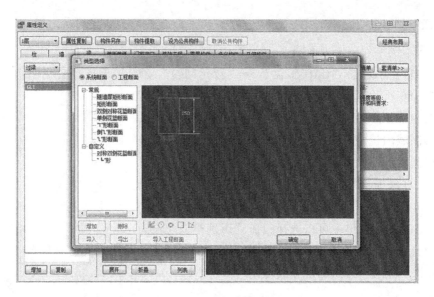

图7-89　过梁属性定义

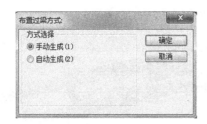

图7-90　布置过梁方式

图7-91　自动生成过梁

4）选择"手动生成"方式。采用这种方式时，单击鼠标左键选取门窗名称，选中的门或窗或洞口变虚，在左边属性工具栏中选择过梁名称，按<Enter>键确认。不结束命令，重复上述步骤，完毕后，按<Enter>键退出命令。当框选部分构件时，可以利用"F"键使用过滤器，进行构件的二次筛选。过梁三维显示效果如图7-92所示。

注意：

①过梁自动生成不支持混凝土墙，只可在砖墙上面生成。

②如果门窗删除，则软件会自动删除该门窗上的过梁。

③过梁实现支持多层布置。

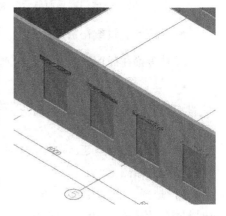

图7-92　过梁三维显示效果

7.7.3　门窗洞口建模要点

参考门窗表、门窗详图，建立该工程首层门窗。

▶ **第一步，门窗洞口的属性定义**

单击鼠标左键打开"属性定义"界面进行门窗属性定义，也可采用 Excel 表格插入提取的方式快速定义门窗。

▶ **第二步，布门窗洞口**

布置时需要注意先布置墙体，再布置门窗。单击鼠标左键选取添加门窗构件的一段墙体，通过拖动鼠标或者输入距离的方法定位门窗，布置完成后，还可修改门窗的开启方向。

思考与练习

（1）如何对门窗的具体位置进行定位？
（2）门窗的开启方向如何改变？通过鼠标左键可改变什么？通过鼠标右键可改变什么？

7.8　绘制装饰

7.8.1　手工绘制装饰

完成了主体结构模型的布置后，再进行装饰的布置。装饰大体分为房间内装饰与外墙装饰两部分，房间内装饰又具体分为楼地面、顶棚、内墙面、墙裙、踢脚线等，每种装饰根据做法不同进行分类和命名，定义完成后分配到相应房间后进行布置。外墙装饰主要区分是否有墙裙、踢脚线的做法，同样根据外墙面材质不同命名布置。这里以一个房间为例详细讲解装饰布置流程。

1. 装饰大类构件命令解析

装饰属性定义：将房间、楼地面、顶棚、内墙面、墙裙、踢脚线、外墙面等装饰做法按照要求进行完整定义。

单房装饰：将设置好的楼地面、顶棚、内墙面同房间属性一键布置。

柱面装饰：单独布置柱四面的装饰粉刷。

外墙装饰：将外墙装饰的墙面、墙裙和踢脚布置在外墙面上。

设为公共构件：将该构件设为全部楼层通用的公共构件，名称变蓝色。其名称、属性参数在所有层均保持一致，在任一层修改其他层均联动修改。

2. 装饰布置操作步骤

参考建筑施工图设计说明和一层平面图，绘制该工程首层装饰。具体操作如下：

▶ **第一步，装饰属性定义（以"营业厅"的装饰为例）**

1）房间定义：单击工具栏中"属性定义"按钮，打开"属性定义"对话框，也可双击左边属性工具栏空白处，进入构件属性定义界面，选择构件为"装饰工程"→"房间"，确认对话框中显示楼层为"1层"。依次输入房间名称"营业厅（卫生间/办公/楼电梯间/强电间弱电间/休息厅/门厅/走道)"，完成房间定义，如图7-93所示。

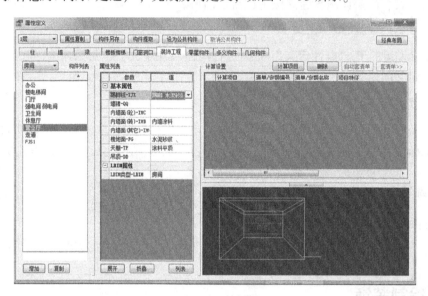

图7-93 房间属性定义

2）楼地面定义：创建方法同"房间"，打开属性定义，选择"装饰工程"→"楼地面"，营业厅楼地面按照做法命名为"水泥砂浆"。

3）顶棚定义：创建方法同"房间"，打开属性定义，选择"装饰工程"→"顶棚"，营业厅顶棚按照做法命名为"涂料平顶"。

4）内墙面定义：创建方法同"房间"，打开属性定义，选择"装饰工程"→"内墙面"，营业厅内墙面按照做法命名为"内墙涂料"。

5）踢脚线定义：根据建筑说明，楼梯做法同"楼地面"。创建方法同"房间"，打开属性定义，选择"装饰工程"→"踢脚线"，营业厅踢脚线按照做法命名为"水泥砂浆"。

6）选择楼地面、顶棚等构件所对应的房间：可在"房间"属性定义中通过房间选做法，也可在各做法属性定义中通过做法选择房间，单击"对应房间"选择，如图7-94所示。

▶ 第二步，单房间装饰布置

单击左边中文工具栏中 🔲单房装饰←1图标。

1）选择中文工具栏中对应的房间"营业厅"，这时软件右下方弹出浮动对话框，可在此选择楼地面、顶棚等的生成方式，软件默认"按墙内边线生成"，如图7-95所示。

2）此时命令行提示："请点击房间区域内一点"，这时在需要布置装饰的房间区域内部单击任意一点，即3-10/A-C轴的范围内，软件自动在该房间生成装饰。

3）可连续布置多个房间，对其进行选择，单击鼠标右键退出该命令。

注意：

① 位于房间中部的紫红色的框形符号 🔲营业厅为房间的装饰符号，棕红色的向上三角符号

表示顶棚，墨绿色的表示吊顶，浅土黄色的向下三角符号表示楼地面。指向墙边线的紫红色空心三角符号表示墙面、踢脚、墙裙，位于内墙线的内侧，如图 7 - 96 所示。

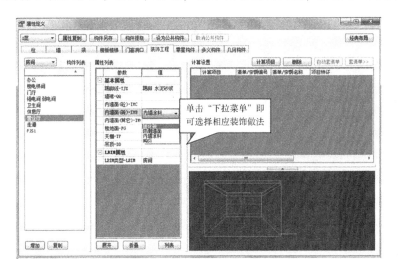

图 7 - 94　根据房间选择装饰

图 7 - 95　单房间装饰生成方式　　　　　图 7 - 96　内墙面装饰

② 若要修改已布置好的房间装饰，可使用"名称更换"命令即可。

③ 布置单房间装饰前，必须确保房间为封闭区域，即墙体均为闭合的。

▶ 第三步，柱面装饰布置

本例中营业厅内存在独立柱，需要单独布置柱面装饰。

1) 柱面装饰属性定义：分别定义柱面为"营业厅柱子装饰"，柱踢脚为"营业厅柱子踢脚"，高度为 100mm。

2) 单击左边中文工具栏中柱面装饰图标，界面右下角弹出"选择柱裙、柱踢脚"浮动对话框，如图 7 - 97 所示，可在此选择柱裙、柱踢脚类型。

3) 此时命令行提示"选择需要装饰的柱子"，利用鼠标左键点选或者框选需要装饰的柱子，单击鼠标右键确定，软件自动生成柱子装饰，命令循环可多次选取柱子，按 < Esc > 键可退出命令。

布置生成的柱装饰表示为指向柱边线的洋红色三角符号, 如图 7 - 98 所示。

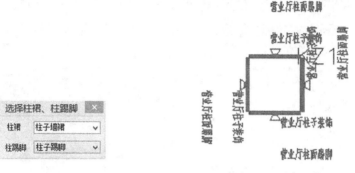

图 7 - 97　选择柱裙、柱踢脚　　　　图 7 - 98　布置好的柱面装饰

▶ 第四步, 外墙装饰布置

1) 外墙装饰属性定义: 打开"属性定义"对话框, 选择"装饰工程"→"外墙面", 命名为"涂料墙面含保温"; 选择"装饰工程"→"墙裙", 命名为"花岗岩勒脚", 高度为 450mm。

2) 单击左边中文工具栏中⇔外墙装饰图标, 出现如图 7 - 99 所示的对话框。

在这里选择外墙装饰的墙面、墙裙和踢脚的名称即可, 单击"进入属性"按钮可进入属性定义界面, 修改装饰的属性定义。

单击"确定"按钮, 软件自动搜索外墙外边线并生成外墙装饰。

生成的外墙装饰用指向墙边线的洋红色空心三角符号表示, 名称为所选择的外墙装饰名称, 如图 7 - 100 所示。

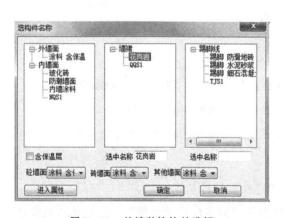
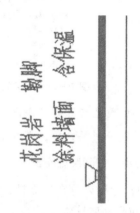

图 7 - 99　外墙装饰构件选择　　　　图 7 - 100　布置好的外墙装饰

注意:

① 生成外墙装饰的操作必须在形成或绘制完外墙外边线后才能进行。

② 外墙面与内墙面的计算规则不同, 外墙装饰扣减选项根据工程的需求进行修改调整。

▶ 第五步, 绘制屋面

屋面就是建筑最上层的覆盖构件, 主要是指屋脊与屋檐之间的部分, 这一部分占据了屋顶的较大面积，或者说屋面是屋顶中面积较大的部分。它由面层、承重结构、保温隔热层和顶棚等部分组成。屋面大体分为平屋面和坡屋面两种。软件中屋面主要是指屋面的构造层，屋面的结构层可以使用"自动形成板""绘制楼板"等命令生成。本部分结合本工程实例讲解平屋面，在疑难点解析中讲解坡屋面。

（1）屋面大类构件命令解析

屋面属性定义：将屋面的做法按照要求进行完整定义。

布屋面：屋面为面构件，定义好的屋面可以采用自由绘制、点选生成、随板生成、矩形布置等方式进行操作。

（2）屋面布置操作步骤

屋面做法参考"建筑施工图—屋面设计说明"，具体操作如下。

1）屋面属性定义：属性参数修改，定义三个屋面，如图 7 - 101 所示。

2）布置屋面

① 单击左边中文工具栏中的 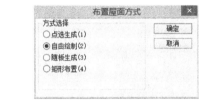 布屋面图标，弹出如图7 - 102所示"布置屋面方式"对话框，其中提供了四种布置方式。

图 7 - 101　屋面属性定义　　图 7 - 102　布置屋面方式选择

② 选择"自由绘制"单选按钮。

③ 注意调整"机房楼梯间不上人屋面"和"雨篷屋面"的楼层底标高，均调整为3000mm。调整完成后构件颜色显示为蓝色。

▶ 第六步，设为公共构件

进入"属性定义"→"装饰工程"，将当前层设为 1 层，选择当前层中的装饰构件（房间/楼地面/顶棚/内墙面/外墙面等），单击"设为公共构件"按钮，可以将该构件设为全部楼层通用的公共构件，名称变蓝色，其名称、属性参数在所有层均保持一致，在任一层修改其他层均联动修改，此操作可省去构件重复定义。如果和上下层的装饰有些区分，则当将属性复制到上一楼层时，取消公共构件之后只需对某装饰做法进行选择修改即可。

7.8.2 CAD 转化装饰

1. CAD 转化装饰解析

转化装修表：对装修表格进行转化，可以快速完成装饰的属性定义。

转化房间表：对房间装修表进行转化，可以快速完成单个房间装饰的属性定义。

2. 装饰转化操作步骤

（1）转化装修表

1）找到"装饰详细做法"，复制粘贴到软件当中，在菜单栏中选择"CAD 转化"→"转化房间表"命令，出现"转化装修表"对话框，如图 7 - 103 所示。

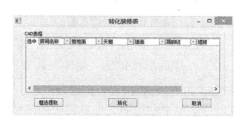

图 7 - 103　转化装修表

2）单击左下方"框选提取"按钮，可以对已复制到软件的装修表格（内容）中有需要的数据进行框选，如图 7 - 104 所示，软件会自动将数据添加到 CAD 表格预览提取结果列表中，只需勾选需要进行转化的内容即可，如不对其勾选将不进行转化，如图 7 - 105 所示。

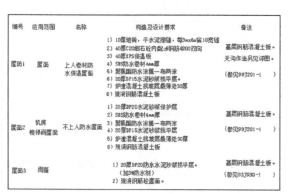

图 7 - 104　装修表提取内容

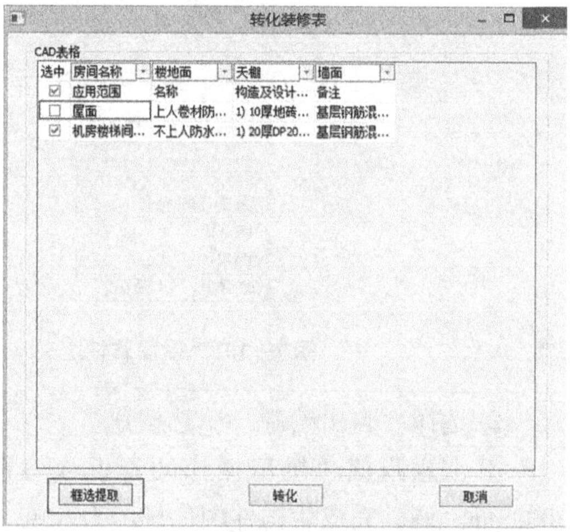

图 7 - 105　装修表提取界面

3）单击"转化"按钮，装饰的属性将被自动提取到软件当中（楼地面、顶棚、墙面等）完成转化，如图 7 - 106 ~ 图 7 - 108 所示。

（2）转化房间装饰

1）调入 dwg 文件。

2）在菜单栏中选择"CAD 转化"→"转化房间装饰"命令，出现"转化房间装饰"对话框，如图 7 - 109 所示。

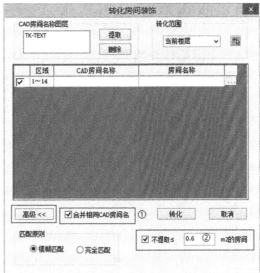

图 7 - 106　　图 7 - 107　　图 7 - 108　　　　　图 7 - 109　转化房间装饰

3) 取 CAD 房间名称图层，选择当前层（对其选择的范围）进行转化。

4) 在"高级"菜单中可以选择同房间名称以及转化房间的范围选项。图框序号 1 是指：根据项目情况是否房间名称一样的其装饰方式做法也一样。图框序号 2 是指：不进行提取的一个范围数值的选择。

5) 单击"转化"按钮即可完成转化。

注意：

① 装饰转化之前必须要有墙体，并且整体和单房间是封闭区域。

② 转化装修表所提取的表格项目顺序要严格按照软件转化装修表中的顺序排列。

一层装饰平面显示效果和三维显示效果如图 7 - 110、图 7 - 111 所示。

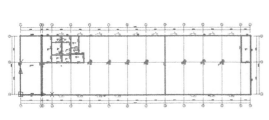

图 7 - 110　一层装饰平面显示图

图 7 - 111　一层装饰三维显示图

？思考与练习

(1) 生成房间装饰时，楼地面和顶棚有哪些生成方式？

(2) 生成外墙装饰时，需要注意什么？

(3) 如何快速定义二层装饰？

7.9 零星构件

7.9.1 零星构件介绍

软件中的零星构件涉及阳台、雨篷、排水沟、散水、坡道、台阶、自定义线性构件、施工段、后浇带（主体/基础）、建筑面积、天井以及几何构件。针对本工程实例，下面讲解零星构件属性定义，雨篷、排水沟、台阶、空调板以及建筑面积的布置流程。

1. 零星构件大类构件命令解析

零星构件属性定义：将阳台、雨篷、排水沟、散水、坡道、台阶等构件做法按照要求进行完整定义。

绘制挑件：支持在图上直接绘制出挑构件，用于在墙上布置阳台、雨篷和空调板等出挑构件。

布台阶：将定义好的台阶在绘图区中进行布置。

布地沟：布置地面排水用的地沟。

形成面积：图形中会自动根据外墙的外边线形成图形的墙外边线，形成后可以使用"构件显示"命令查看墙外包线形成情况。

2. 零星构件操作步骤

参考一层平面图、节点详图，分别定义并绘制该工程首层零星构件。

7.9.2 绘制排水沟

（1）排水沟属性定义

单击工具栏中"属性定义"按钮 ，打开"属性定义"对话框，也可双击界面左边属性工具栏空白处，进入构件属性定义界面，选择构件为"零星构件"→"排水沟"，确认对话框中显示楼层为"1层"。

根据"排水沟详图"，将排水沟命名为"PSG1"，断面类型选择"排水沟类型二"，截面各参数以及混凝土等级、垫层混凝土等级、砂浆等级、砖等级，如图 7-112 所示。

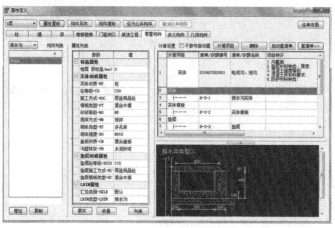

图 7-112 排水沟属性定义

（2）排水沟绘制

单击左边中文工具栏中布地沟图标。

此时命令行提示"请选择第一点 ［R—选择参考点］:"，在绘图区域点选绘制排水沟起点；起点选好后命令行提示"下一点 ［A—弧线，U—退回］:"，按照图纸绘制排水沟位置，单击鼠标右键确定即可，软件将自动沿绘制路径生成排水沟，命令循环，绘制完毕按 <Esc> 键退出。绘制完成的排水沟三维显示效果如图 7 - 113 所示。

注意：连续选取各个点生成的地沟是一个整体，因此如果要删除其中的某一段，必须先对局部进行"构件分割"命令之后，方可对其进行编辑，不然整个地沟将被删除。

7.9.3 绘制雨篷

（1）雨篷属性定义

进入构件属性定义界面，选择构件为"零星构件"→"雨篷"，确认对话框中显示楼层为"1 层"。

根据"雨篷板详图"，将其命名为"雨篷"，出挑板厚度为 100mm，栏板厚度为 100mm，栏板高度为 200mm，楼层底标高为 2900mm，如图 7 - 114 所示。

图 7 - 113　排水沟三维显示效果　　　　图 7 - 114　雨篷属性定义

（2）绘制雨篷

单击左边中文工具栏中绘制挑件图标，选择属性工具栏"雨篷"构件，绘制 1—2/A 轴雨篷。

此时命令行提示"请选择插入点:"，在绘图区域确定雨篷挑件的插入点；插入点选择好后命令行提示"确定下一点 ［A—圆弧，U—退回］ <回车闭合>:"，此时输入雨篷宽度 1200mm 后按 <Enter> 键。

这时命令行再次提示"确定下一点［A—圆弧，U—退回］＜回车闭合＞:"，此时输入雨篷长度2900mm后按＜Enter＞键，最后单击鼠标右键雨篷自动闭合。命令行继续提示"确定下一点［A—圆弧，U—退回］＜回车闭合＞:"，连续绘制出雨篷挑件的其他边线，最后右击确定以自动闭合的方式完成雨篷的绘制。此时命令并未完全结束，命令行继续提示"请设置靠墙边:"，点选或框选靠墙边，右击确定。命令行提示"指定旋转角度，或［复制（C）参照（R）］＜0＞:"，输入旋转角度或直接按＜Enter＞键进行确认，自由布置雨篷完毕。

雨篷三维显示效果如图7－115所示。

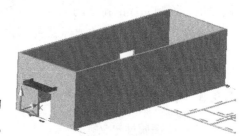

图7－115　雨篷三维显示效果

7.9.4　绘制台阶

（1）台阶属性定义

进入构件属性定义界面，选择构件为"零星构件"→"台阶"，确认对话框中显示楼层为"1层"。根据"台阶详图"，以8—10/A轴台阶为例说明。台阶根据长度命名为"12400"，打开"台阶断面编辑器"，选择截面类型为"正单面暗挡墙混凝土台阶"。具体参数如下：阶数（N）为3，栏杆高为900，栏杆距边为100，垫层1厚度为100，垫层2厚度为60，防滑条长度为1600，挡墙厚度为240，休息平台投影长度为1500，台阶段投影长度为600，台阶总宽度为12400，台阶段投影高为430，踏步宽 $B1 = 300$，踏步高 $H1 = 143$（以上数值单位均为mm），如图7－116所示。

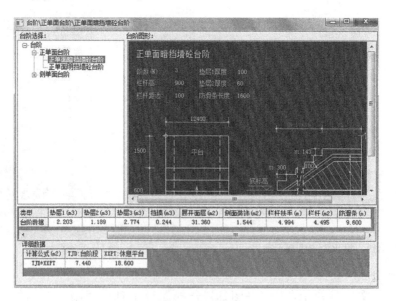

图7－116　台阶属性定义

（2）台阶布置

单击中文工具栏"零星构件"中 布台阶命令，布置方法与"布楼梯"完全相同，详细操作见7.6.2章节楼梯的布置。

台阶平面显示及三维显示效果如图 7 - 117、图 7 - 118 所示。

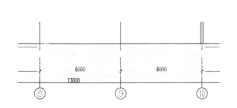

图 7 - 117　台阶平面显示效果

图 7 - 118　台阶三维显示效果

7.9.5　形成建筑面积

单击界面左边中文工具栏中 🏗形成面积 图标，启动此命令后图形中会自动根据外墙的外边线形成图形的墙外边线，形成后可以使用"构件显示"命令查看墙外边线形成情况。

注意：

① 此命令主要是为简便计算建筑面积而设置的，可以对其计算建筑面积和坡屋顶建筑面积，均要形成墙外边线。

② 通过鼠标拖动夹点后，软件将其视为非软件自动形成的建筑面积，再次使用该命令后，将会重新生成另一块建筑面积。

③ 使用软件右侧快捷键"本层建筑面积🏠图标"，也可完成上述操作。

7.9.6　绘制"空调板"

软件中并没有可以直接定义的"空调板"构件，需要用其他构件进行拼接，可以参考图纸"节点详图"→"空调板"，根据图纸可了解到，该空调板可分为两部分进行理解。其一为下部的空调板，软件中可用雨篷布置；其二为维护百叶，软件中可用玻璃幕墙布置。

（1）空调板属性定义

进入构件属性定义界面，选择构件为"零星构件"→"雨篷"，确认对话框中显示楼层为"1 层"。单击"增加"按钮，设置新构件名称为"空调板"，楼层底标高为 0，出挑板厚度为 100mm，栏板厚度为 50mm，栏板高度为 0mm，如图 7 - 119 所示。

进入构件属性定义界面，选择构件为"墙"→"玻璃幕墙"，确认对话框中显示楼层为"1 层"。单击"增加"按钮，设置新构件名称为"百叶"，楼层顶标高为 850mm，楼层底标高为 100mm（此处的数据为出挑板的厚度），如图 7 - 120 所示。

图 7 - 119　空调板属性定义

图 7 - 120　百叶属性定义

（2）绘制空调板

单击左边中文工具栏中 ＜绘制挑件＞ 图标，选择属性工具栏雨篷中的"空调板"构件，绘制
4—5/A轴的空调板，绘制方法同雨篷，绘制宽度为600mm，长度为1500mm。

（3）绘制百叶

单击左边中文工具栏中 ＜绘制墙＞ 图标，选择属性工具栏玻璃幕墙中"百叶"构件，从靠
墙边空调板内侧开始绘制，"输入左边宽度"选择"左边"，逆时针方向围着空调板三边绘
制，如图7-121所示。

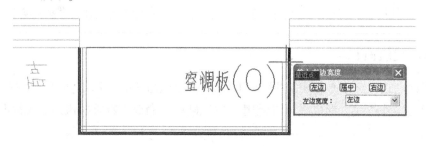

图7-121　绘制百叶

（4）构件复制

本工程中空调板均由板和百叶组成，且界面完成相同，可将布置好的空调板直接复制到
A轴其他地方。在命令行输入"复制"快捷命令＜CO＞（详见本书第5.4.1节操作）继续插
入副本，或按＜Enter＞键结束命令。

（5）构件镜像

对于C轴处的空调板可采用镜像的方式快速布置。

首先绘制对称轴，在命令行输入"L"，在距A轴900mm的位置绘制一条直线作为对
称轴。

在命令行输入"镜像"快捷命令＜MI＞（详见本书第5.4.3节操作），镜像完成后，参
照"一层平面图"微调整即可。

绘制完成的空调板平面显示效果和三维显示效果，如图7-122、图7-123所示。

图7-122　空调板平面显示效果　　　　图7-123　空调板三维显示效果

7.9.7　绘制"风帽"

顶层对柱、墙、梁及板及二次结构绘制完毕之后，来看一下风帽的绘制步骤及方法。从
剖面图中了解到，风帽1由墙体、洞口、梁和上方的盖板构成，可分别进行定义和绘制。参
考节点详图，绘制该工程顶层风帽。风帽布置操作步骤如下：

▶ 第一步，风帽上墙体的布置

1）定义砖外墙，墙体高度为 1000mm，墙厚为 100mm，如图 7 – 124 所示。

2）绘制砖外墙，绘制时可以选择左边、右边的方式来准确定位，以减少后期修改的工作，在此工程中可以选择"右边"，按顺时针方向从底部画起，如图 7 – 125 所示。绘制好的风帽墙体三维显示效果，如图 7 – 126 所示。

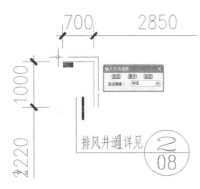

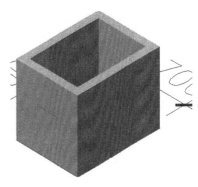

图 7 – 124　风帽 1 墙体属性定义　　　图 7 – 125　墙体绘制方式和路径　　　图 7 – 126　绘制完成的风帽墙体

▶ 第二步，风帽梁布置

1）定义梁（可定义为框架梁，也可定义为其他梁体）：本工程梁体截面尺寸为 100 × 200，楼层顶标高为 1200mm，如图 7 – 127 所示。

2）绘制梁体：以墙中心线为路径进行绘制，如图 7 – 128 所示。

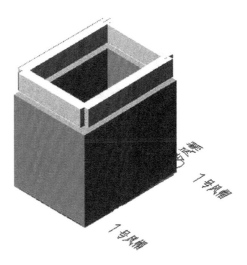

图 7 – 127　风帽梁属性定义　　　　　　图 7 – 128　绘制完成的风帽梁

▶ 第三步，风帽板布置

1）定义风帽板：厚度为 60mm，楼层顶标高为 1260mm，如图 7 - 129 所示。

2）绘制板：利用 CAD 中的 < REC > 画矩形命令、< O > 偏移命令来进行绘制。

输入"REC"绕着墙外边线绘制一个矩形，如图 7 - 130 所示。

图 7 - 129　风帽板属性定义

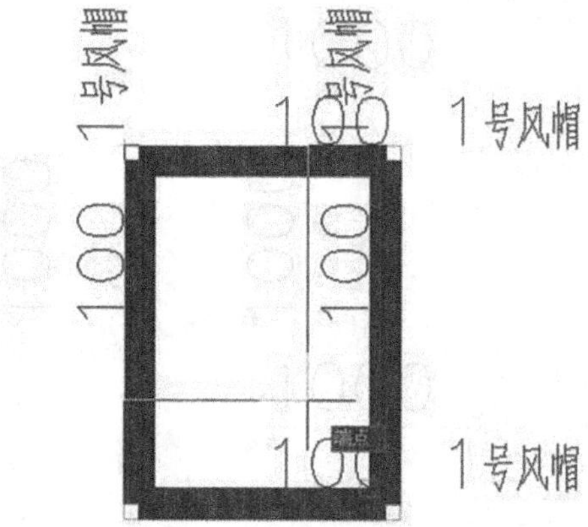

图 7 - 130　绘制矩形

然后通过 < O > 偏移命令将刚刚绘制的矩形进行向外偏移，偏移距离为200，（ < O > 偏移命令的操作方法详见本书第 5.4.6 节），如图 7 - 131 所示。接着单击"矩形布板"命令，命令行提示"指定第一个角点"，以矩形的端点为角点绘制，然后指定第二个对角点，完成风帽板的绘制，如图 7 - 132 所示。

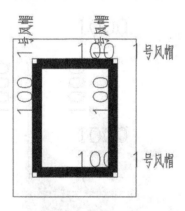

图 7 - 131　偏移矩形

图 7 - 132　风帽板

▶ 第四步，风帽洞布置

1）定义洞口：D1，底标高为 600mm，尺寸为宽 400、高 800，如图 7 - 133 所示。

2）绘制洞口：选择中文工具栏中"门窗洞口"→"布墙洞"命令，此时命令行提示"选择加构件的墙"，根据剖面图中读取到的信息，墙洞位于两侧的墙体。选择好墙体之后，单击鼠标右键确定，即完成了墙洞的布置，如图 7 - 134 所示。

图 7 - 133　洞口属性定义　　　　　图 7 - 134　风帽 1

到此就完成了风帽 1 的绘制，绘制风帽 2 的方法同风帽 1，注意断面的区别。

7.9.8　CAD 转化挑件

1. 转化出挑构件命令解析

转化出挑构件：用于转化断面形式较复杂的阳台等。

2. 转化出挑构件操作步骤

第一步，执行"隐藏指定图层"命令，将除梁边线外的所有线条隐藏掉。

第二步，在菜单栏中选择"CAD 转化"→"转化出挑构件"命令。

第三步，光标由十字形变为方框，操作方法与"提取图形"相同。

第四步，完成后软件会自动将提取的图形保存到"自定义断面"中的阳台的断面中。

思考与练习

（1）布置阳台的时候，如果阳台的断面类型是弧形的，如何设置？

（2）形成建筑面积线之前，需要注意什么？

7.10　绘制基础（含 CAD 转化）

基础指建筑底部与地基接触的承重构件，它的作用是把建筑上部的荷载传给地基。因此，地基必须坚固、稳定而可靠。本工程基础构件有墙、柱、条形基础、基础梁、地圈梁等，其中基础中的墙和柱部分可采用"楼层复制"的技巧快速建模，其他基础类构件采取手工建模的方式。本节依据基础平面图进行工程基础各构件建模。

7.10.1 墙、柱 (楼层复制)

基础层的墙柱构件为同一层，为方便建模，简化操作步骤，利用"楼层复制"命令，将一层的墙、柱构件复制到基础层的相同位置，这样操作方便快捷，大大加快了建模的速度。

1. 楼层复制命令解析

楼层复制：选择楼层、构件来进行楼层间属性和构件的复制，加快建模速度。

源楼层：原始层，即要进行复制的那一层。

目标楼层：要将源楼层复制到的楼层。

图形预览区：楼层中有图形的，将在图形预览区中显示出来。

所选构件目标层清空：被选中的构件进行覆盖复制。例如，"可选构件"中选了"框架梁"，即使目标层中有框架梁，也将被清空，并由源层中的框架梁取代。

可选构件：选择要复制到目标层的构件。

2. 墙柱布置操作步骤

▶ 第一步：单击命令

单击工具栏中"楼层复制"按钮，弹出如图7-135所示的对话框。

注意："同时复制构件属性"

① 不勾选此项时，只复制源楼层的构件，但不复制源楼层构件的属性，拷贝到目标层的构件属性要重新定义。

② 勾选此选项时，又分为两种情况：如果选择"覆盖相同名称的构件属性"，则复制源楼层的构件，也复制源楼层构件的属性，如果目标层中已有同名称的构件，则会将目标层中的构件和构件属性覆盖；如果选择"保留相同名称的构件属性"，则只是在目标层中追加目标层中没有的构件和构件属性。

▶ 第二步：选择构件

该工程中选择源楼层为一层，目标楼层为0层，构件选择墙和柱体，如图7-136所示。选择完成后单击"确定"按钮，会弹出如图7-137所示"目标层所选构件将被清空！"的提示，再次单击"确定"按钮，即完成了楼层复制的操作。

图7-135 楼层复制   图7-136 本工程楼层复制选择图   图7-137 目标层所选构件将被清空

注意：*源层与目标层不要颠倒，否则无法撤销。*

以上就快速完成了基础层非基础构件墙、柱的布置，基础层墙柱构件平面显示效果如图7-138所示。对于墙柱标高的设置在本章的相关内容中进行介绍。

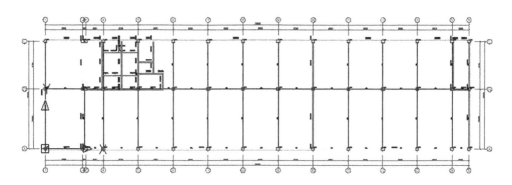

图7-138 基础层墙柱构件平面显示效果

7.10.2 基础梁

基础梁是为了使结构稳定在基础中布置的梁，主要起联系或把建筑物的重力传到基础底板上的作用。通过读图，首先了解基础梁的断面形式及截面尺寸，并在"属性定义"对话框中进行设置，可设置的内容包括截面信息、混凝土等级以及工程基础底绝对标高；然后通过"绘制基梁"等常规命令把基础梁布置在图纸相应的位置上；布置完成后，再进行详细的检查，检查的内容包括断面信息、位置、标高等，遇到问题时进行修改。本节以JL1为例讲解在实际工程中基础梁的属性定义与布置流程。

1. 基础梁大类构件命令解析

基础梁属性定义：将基础梁的基本截面、标高信息等按照要求进行完整定义。

绘制基梁：梁为线性构件，将定义好的梁在绘图区中进行连续布置。

2. 基础梁布置操作步骤

▶ 第一步，基础梁属性定义

1）单击工具栏中"属性定义"按钮 ，打开"属性定义"对话框，也可双击左边属性工具栏空白处，进入构件属性定义界面，选择构件为"基础工程"→"基础梁"，确认对话框中显示楼层为"0层"。

2）属性定义方法同梁，命名为"JL1"，打开基础梁断面编辑器，选择"矩形断面"，截面尺寸为 600×800，工程梁底绝对标高为 -800mm。其他基础梁按照相同的方法定义，本工程基础梁编号为"JL1-JL8、JCL1-JCL2、轻质隔墙基础"共11种，如图7-139所示。

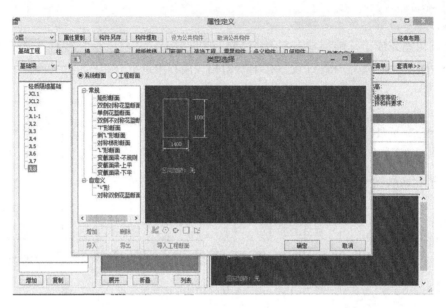

图7-139 基础梁属性参数设置

▶ 第二步，基础梁绘制

单击左边中文工具栏中的 ✍绘制基梁图标，方法与"绘制梁"的方法基本一致。

1）命令行提示"第一点［R–选参考点］"，同时弹出一个浮动式对话框，光标放在图中的"左边、居中、右边"时，会提示相应的图例，如图7-140所示。

2）点取左边属性工具栏中要布置的基础梁（JL1）。

3）在绘图区域内，依次选取梁的第一点、第二点等；也可以用光标控制方向，用数字控制长度的方法来绘制基础梁。JL1位于C轴，根据图纸说明，"未注明基础梁定位均为与轴线居中或与柱、墙边齐平，JCL底与JL底齐平"，故采取"居中"定位在轴线上的方式绘制，如图7-141所示。

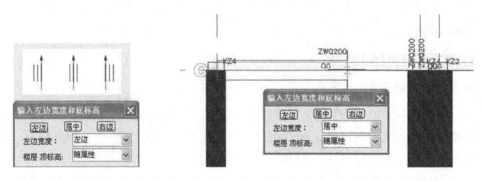

图7-140 输入左边宽度和底标高　　　　图7-141 绘制基础梁JL1

4）在绘制过程中，如发现前面长度或位置错了，可以在命令行中输入"U"，按＜Enter＞键，退回至上一步，或单击 按钮，退回至上一步。

5）绘制完一段梁后，不退出命令，可以再重复2）~4）的步骤。

6）布置完毕后，按＜Esc＞键退出命令。

▶ 第三步，基础梁识别支座

单击左边中文工具栏中 🔧 识别支座图标，方法与梁体"识别支座"的方法完全相同。

基础梁平面显示效果和三维显示效果，如图 7－142、图 7－143 所示。

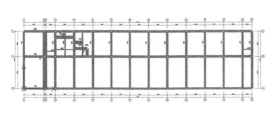

图 7－142　基础梁平面显示效果

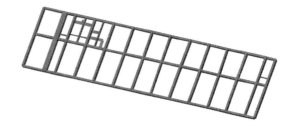

图 7－143　基础梁三维显示效果

7.10.3　条形基础

条形基础是指基础长度远远大于宽度的一种基础形式，一般其长度大于或等于 10 倍基础的宽度。条形基础按上部结构分为墙下条形基础和柱下条形基础。软件中条形基础分为混凝土条基和砖石条基，本工程中均为混凝土条基。布置思路同样大致分为两步：属性定义及绘制条基。本部分以 JC-1 为例讲解在实际工程中条形基础的属性定义与布置流程。

1. 条形基础大类构件命令解析

条形基础属性定义：将条形基础的基本截面、标高信息等按照要求进行完整定义。

条形基础：将定义好的条形基础在绘图区中进行连续布置。

随基顶高：用来快速调整基础层墙柱构件的标高。

2. 条形基础布置操作步骤

▶ 第一步，条形基础属性定义

1）单击工具栏中"属性定义"按钮 📋，打开"属性定义"对话框，也可双击左边属性工具栏空白处，进入构件属性定义界面，选择构件为"基础工程"→"混凝土条基"，确认对话框中显示楼层为"0 层"。

2）将其命名为"JC-1"，打开条形基础断面编辑器，选择"混凝土板式条基"，基础底边的数据输入需要同时结合基础平面图、混凝土条基剖面图、JC-X 表来确定。

JC-1 上为 JL1，JL1 的截面宽度为 600mm，加上两边各外伸 50mm，故 JC-1 底边中间尺寸为 700mm。根据 B＝1500mm，为对称结构，故两边尺寸均为 $(1500－700)/2＝400$（mm）。软件中支持输入公式的形式，可自动进行计算，如图 7－144 所示。

H1＝200，H2＝200，B1＝700，B2＝400，工程梁底绝对标高为 －2450mm。其他条形基础按照相同的方法定义，本工程条形基础编号为 JC-1～JC-5，共 5 种。条基高度为 400mm，工程基础底标高为 －2450mm，断面形式均为"混凝土板式条基"，如图 7－145 所示。

图 7 - 144　修改变量值

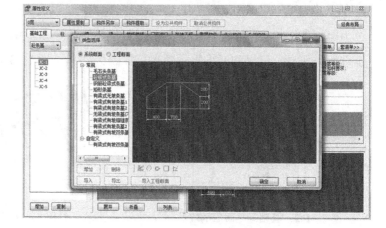

图 7 - 145　条形基础属性定义

▶ 第二步，混凝土条基绘制

单击左边中文工具栏中的 条形基础 图标，弹出如图 7 - 146 所示对话框，用于绘制条形基础，可以任选一种方式布置条基。

1）随墙布置：使用此方法布置，条基必须布置在墙体上面，没有墙体时不能用此方法布置混凝土条基。对于图形中没有墙体的地方，需要用 0 墙补齐，如图 7 - 147 所示。

图 7 - 146　选择布置条基方式

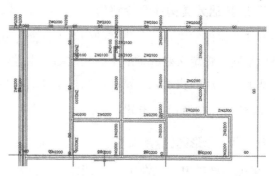

图 7 - 147　0 墙布置平面图

2）自由绘制：使用此方法布置，条基无须布置在墙体上面，当选择"自由绘制"的布置方式后，可以像梁一样直接绘制多段线布置。

混凝土条基平面显示效果和三维显示效果，如图 7 - 148、图 7 - 149 所示。

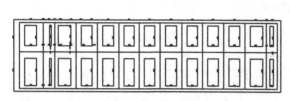

图 7 - 148　混凝土条基平面显示效果

图 7 - 149　混凝土条基三维显示效果

▶ 第三步，自动随底

1）单击工具栏中按钮，命令行提示"选择要调整的墙柱"，框选需要调整的柱子和墙，单击鼠标右键确定，弹出如图 7－150 所示对话框。

2）可按需要选择"标高最高的"或"标高最低的"单选按钮，"标高读取规则"可按个人需要自行选择调整。

3）单击"确定"按钮后，柱子和墙按选择的标高要求自动寻找其下基础并调整底面延伸至该基础面，弹出如图 7－151 所示界面，显示有多少个柱墙调整完成，单击"关闭"按钮后命令结束。需要回复默认的话直接单击回复默认，之前所修改的项目将被恢复到默认。

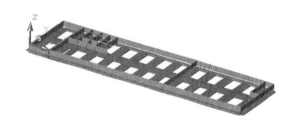

图 7－150　底标高读取设置

注意：实体完成以后对其子目构件直接进行套项出量即可。

调整后的三维显示效果如图 7－152 所示。

图 7－151　墙柱随基础顶高

图 7－152　墙柱随基础顶高三维显示

7.10.4　地圈梁

地圈梁往往在墙体上部（起到防水作用），软件中地圈梁用"圈梁"命令布置，并提供了三种布置方式，完成属性定义后，针对工程实际情况选择合适的方法布置。本工程地圈梁详图见"基础平面图"。

1. 圈梁小类构件命令解析

地圈梁属性定义：将地圈梁的基本截面、标高信息等按照要求进行完整定义。

布圈梁：将定义好的圈梁在绘图区中进行连续布置。

2. 地圈梁布置操作步骤

▶ 第一步，圈梁属性定义

1）进入构件属性定义界面，选择构件为"梁"→"圈梁"，确认对话框中显示楼层为"0层"。

2）将其命名为"地圈梁"，打开条形基础断面编辑器，选择"随墙厚矩形断面"，圈梁高度为180mm，工程顶标高为-50mm，混凝土等级为C25，如图7-153所示。

▶ 第二步，地圈梁布置

单击左边中文工具栏中的圆布圈梁图标，弹出如图7-154所示对话框，用于绘制圈梁。根据图纸说明，地圈梁布置的位置为"C25密实防水混凝土有墙处均有"。

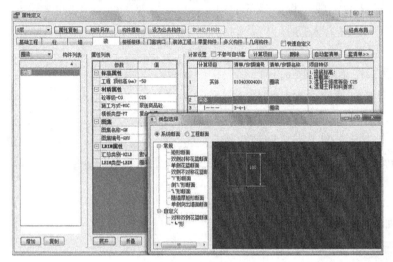

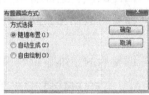

图7-153 地圈梁属性定义 　　　　　图7-154 选择布置圈梁方式

该对话框中三个选项的绘制方法分别为：

1）随墙布置：使用此方法布置，圈梁必须布置在墙体上面，没有墙体时不能用此方法布置圈梁。对于图形中没有墙体的地方，需要用0墙补齐。

选择"随墙布置"后，命令行提示"选择加构件的墙"，选取布置圈梁的墙的名称，也可以利用左键框选，选中的墙体变虚，按<Enter>键确认。

2）自动生成：选择自动生成，软件会自动弹出如图7-155所示的对话框。

在该对话框中选择定义的墙体的厚度和对应的圈梁高度，以及生成圈梁的具体情况，选择"墙顶圈梁"或"墙中圈梁"，设置完成后单击"确定"按钮，软件会自动按照定义好的墙体厚度生成圈梁。本工程的设置如图7-156所示。

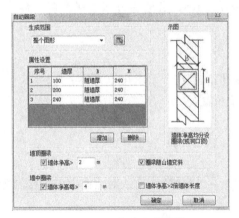

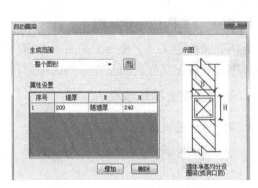

图7-155 自动生成圈梁 　　　　　图7-156 自动生成圈梁设置

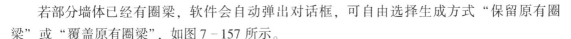

若部分墙体已经有圈梁，软件会自动弹出对话框，可自由选择生成方式"保留原有圈梁"或"覆盖原有圈梁"，如图 7 - 157 所示。

3）自由绘制：使用此方法布置，圈梁无须布置在墙体上面（该截面为矩形时）。

选择"自由绘制"的布置方式后，方法与"绘制梁"的方法基本一致，如图 7 - 158 所示。

图 7 - 157　圈梁重复布置

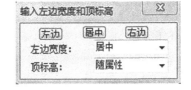

图 7 - 158　自由绘制圈梁

选择"自由绘制"后，命令行提示"第一点〔R - 选参考点〕"，指定第一点后，命令行提示"确定下一点〔闭合（C）/圆弧（A）/退回（U）〕＜回车结束＞"，指定第二点后，单击鼠标右键确定。

地圈梁平面显示效果和三维显示效果，如图 7 - 159、图 7 - 160 所示。

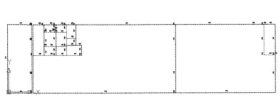

图 7 - 159　地圈梁平面显示效果

图 7 - 160　地圈梁三维显示效果

基础层整体三维显示效果，如图 7 - 161 所示。

图 7 - 161　基础层整体三维显示效果

7. 10. 5　基础建模要点

柱（楼层复制）建模要点

将一层建好的柱子楼层复制到基础层，布置好基础构件后用"随基顶高"命令调整柱的标高。

（1）圈梁可以布置在任何构件上面吗？

（2）在一段240墙体上面布置随墙厚矩形断面圈梁，请问这段圈梁的宽度是多少？

7.11 其他命令综合应用

7.11.1 构件搜索

1. 构件搜索命令解析

搜索：此命令主要用途是搜索算量平面图中的构件，统计出构件的数量，并且可以对搜索到的构件进行图中定位反查。

2. 构件搜索操作步骤

▶ 第一步，选择命令

单击工程量工具栏中的 图标，弹出如图7-162所示的搜索引擎对话框，可以输入名称和多个属性组合作为搜索条件，属性间用空格隔开，表示"或者"关系，可以不用区分大小写。也可以单击"高级"按钮展开界面，设定更详细的搜索条件。高级搜索如图7-163所示。

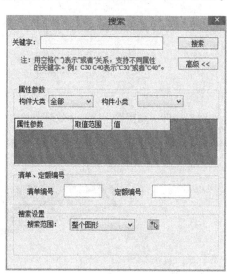

图7-162　搜索输入关键字　　　　　图7-163　高级搜索

▶ 第二步，自动搜索

单击"搜索"按钮，软件自动搜索整个当前算量平面图，并将搜索结果罗列出来。

▶ 第三步，构件定位

双击构件类型，可以在图形上定位到该构件，单击"下一个"按钮继续定位，如图7-164所示。

▶ 第四步，保存结果

单击"保存"按钮，出现对话框，可以将结果保存为 txt 文本文件，如图7－165所示。

图 7－164 构件定位

图 7－165 搜索结果保存为 txt 格式文件

7.11.2 单个构件可视化校验

1. 可视化校验命令解析

可视化校验：对算量平面图中已经设置好定额子目的构件进行可视化的工程量计算校核。

2. 可视化校验操作步骤

▶ 第一步，选择命令

单击工程量工具栏的 🔍 图标，选取一个构件（只能单选）弹出"当前计算项目"对话框。

若该构件套用了两个或两个以上的定额，软件则会自动跳出"当前计算项目"窗口让用户选择所选构件的定额子目，如图 7－166 所示。

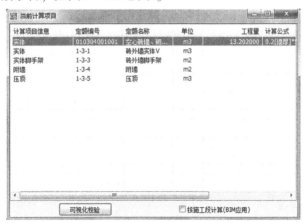

图 7－166 单个构件可视化校验

▶ 第二步，构件工程量校核

双击需要校验的计算项目（或选中项目，单击"可视化校验"按钮），系统将在图形操作区显示出工程量计算的图像，命令行中会出现此计算项的计算结果和计算公式，图7-167、图7-168所示即为墙实体的单独校验及计算公式与结果。

图7-167　单个构件可视化校验图形显示

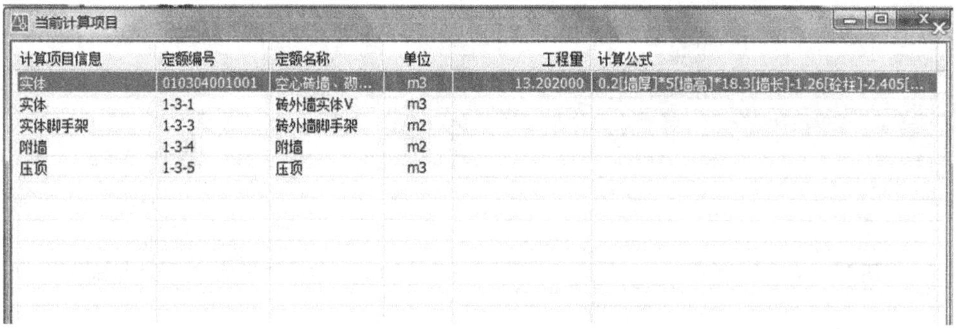

计算项目信息	定额编号	定额名称	单位	工程量	计算公式
实体	010304001001	空心砖墙、砌…	m3	13.202000	0.2[墙厚]*5[墙高]*18.3[墙长]-1.26[砼柱]-2.405[…
实体	1-3-1	砖外墙实体V	m3		
实体脚手架	1-3-3	砖外墙脚手架	m2		
附墙	1-3-4	附墙	m2		
压顶	1-3-5	压顶	m3		

图7-168　单个构件可视化校验数据结果

注意：

① 如果要保留图形，按 <Y> 键，再按 <Enter> 键确认，就可以执行三维动态观察命令，自由旋转三维图形。

② 未套取清单及定额的构件无法进行单构件可视化校验。将提示不可可视化校验，如图7-169所示。

图7-169　未套定额可视化校验情况

7.11.3　区域校验

1. 区域校验命令解析

区域校验：对已经计算过工程量的工程进行区域工程量查看。

2. 区域校验操作步骤

单击工程量工具栏中的圖图标，框选需要查看工程量的范围，单击鼠标右键确定，弹出如图7-170所示窗口。

条件统计：与"工程量计算书"中的条件统计类似，其中还可根据计算项目统计。

显示\隐藏明细：可以展开区域工程量查看明细构件工程量信息。

输出 Excel：可以将区域可视化校验的内容输出成 Excel 表格。

注意：使用区域校验命令之前一定要先对工程量进行计算。

图 7 – 170　区域可视化校验

7.11.4　表格计算

1. 表格算量命令解析

可以编辑一些在图纸上表示不出来的工程量。

2. 表格算量操作步骤

▶ 第一步，选择命令

单击工程量工具栏中的▦图标，弹出如图 7 – 171 所示窗口。单击"增加"按钮，会增加一行。双击自定义所在的单元格，会出现一个下拉箭头，单击箭头会出现下拉菜单。可以选择其中的一项，软件会自动根据所绘制的图形计算出结果。

▶ 第二步，添加计算项目

1）平整场地面积：按该楼层的外墙外边线每边各加 2m 围成的面积计算。

2）土方：总基础回填 + 总房心回填 + 余 + ；在基础层适用，总控土方量是依据图形以及属性定义所套定额的计算规则、附件参数汇总的。

3）墙体外边长度、外墙中心长度、内墙中心长度、外墙窗的面积、外墙窗的周长、外墙门的面积、外墙门侧的长度、内墙窗的面积、内墙窗的周长、内墙门的面积、内墙门侧的长度、填充墙的周长、建筑面积，只计算出当前所在楼层平面图中的相应内容。

图 7 – 171　表格算量

▶ 第三步，工程量计算

1）单击计算公式空白处，出现一个按钮，单击后光标由十字形变为方形，进入可在图中读取数据的状态，根据所选的图形，出现长度、面积或体积选择画面，如图 7 – 172、图 7 – 173所示。

图 7 – 172　长度、面积提取结果

图 7 – 173　面积、体积提取结果

2）在"计算公式"空白处输入数据，按 < Enter > 键，软件会自动计算出结果。

▶ 第四步，进入报表

1）单击"打印报表"按钮，会进入到"鲁班算量计算书"中。

2）单击"保存"按钮，会将此项保存在汇总表中，单击"退出"按钮关闭此对话框。

3）单击"套定额"按钮，会弹出"定额查套"的对话框，参见 7.13.1 套清单定额属性定义—计算设置套定额的操作过程。

注意：

① 选中一行或几行增加的内容，可以执行右键菜单的命令，有"增加""复制""粘贴""删除"等命令。

②"表格算量"对话框为浮动状态，可以不关闭本对话框，而直接执行"切换楼层"命令，切换到其他楼层提取数据。

7.11.5　形成标注图纸

1. 形成标注图纸命令解析

把计算好的工程量结果标注到平面图中。

2. 形成标注图纸操作步骤

▶ 第一步，选择命令

单击工具栏中的◻图标，弹出如图 7 - 174 所示对话框，根据实际情况选择字体颜色、高度。选择相应的构件，并对子项的详细信息进行设置，在右边选择标注的内容。

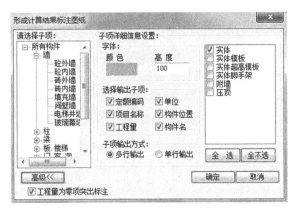

图 7 - 174　形成计算结果标注图纸

▶ 第二步，图纸标注

单击"确定"按钮，出现"构件尺寸显示控制"对话框，如图 7 - 175 所示，结合"构件显示控制"命令，选择显示的内容，最后图纸显示如图 7 - 176 所示。

图 7 - 175　构件尺寸显示控制

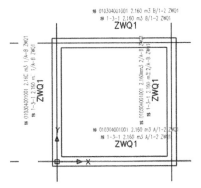

图 7 - 176　计算结果标注平面显示

7.11.6 名称更换

1. 名称更换命令解析

名称更换：更换构件的名称的同时，其他相应的属性也随之更改，比如构件所套的定额、计算规则、标高、混凝土等级等。

2. 名称更换操作步骤

▶ **第一步，选择命令**

单击工具栏中的 图标，选取要编辑属性的对象，被选中的构件变虚，可以选择单个，也可以选择多个。在使用该命令时，状态栏的作用与构件删除中状态栏的作用相同。

▶ **第二步，构件筛选**

1）选取要编辑属性的对象，被选中的构件变虚，可以选择单个，也可以选择多个。

2）如果第一个构件选定以后，再框选所有图形，此时所选择到的构件与第一个构件是同类型的构件。同时，可以看状态栏的显示，如图 7－177 所示。

已选1个构件<-<-增加<按TAB键切换(增加/移除)状态；按S键选择相同名称的构件；按F键使用过滤器>

图 7－177 名称更换状态栏

按 <Tab> 键，可由增加状态变为删除状态，在删除状态下，再次选取或框选已经被选中的构件，可以将此构件变为未被选中状态。再按 <Tab> 键，可由"删除"变回"增加"。

按 <S> 键，先选中一个构件如"M1"，输入"S"，再框选图形中所有的门，则软件会自动选择所有的 M1，即为选择同大类构件中同名称的小类构件。

图 7－178 选构件

按 <F> 键，可以调出过滤器，进行同类构件当中具体某名称构件的筛选。如框选所有的柱子后调出过滤器，然后在列表中只选中 KZ1，就能把刚才多选的其他柱子排除掉。

选择好要更名的构件后，按 <Enter> 键确认。

3）软件系统会自动弹出"选构件"的对话框，如图 7－178 所示。

4）左键单击构件名称，单击"确定"，或双击需要的构件的名称，如果没有的话，单击"进入属性"按钮，进入到"构件属性定义"界面，再增加新的构件即可。

注意：可以互换的构件有墙与梁、门与窗。

7.11.7 变斜构件

1. 变斜构件命令解析

该命令用于满堂基础、基础梁、土方/梁、楼板、顶棚、吊顶、屋面、自定义线性构件、墙面、外墙节点、地下室范围、保温层和墙体、栏杆扶手变斜设置。

2. 变斜构件操作步骤

▶ 第一步，选择命令

单击工具栏中的 图标。

▶ 第二步，各类构件变斜操作（根据构件分类分别讲解）

1）满堂基础、基础梁变斜详解

① 满堂基础：选择满堂基础，方法与"平板变斜"的方法完全相同。

② 基础梁：选择基础梁，方法与设置斜梁的方法完全相同。

2）梁变斜详解

① 选取两端高度不同的梁，可以是多段梁（梁的名称可以不同，但必须是在同一直线上），按 < Enter > 键确认。

② 输入第一点的梁顶标高，按 < Enter > 键确认。

③ 输入第二点的梁顶标高，按 < Enter > 键确认，如图 7 – 179 所示。

注意：

① 设置斜梁可以利用设置圈梁使其变斜。

② 自定义线性构件变斜方法与梁体完全相同。

3）楼板变斜详解

① 单击左边中文工具栏中  图标，弹出如图 7 – 180 所示提示框。

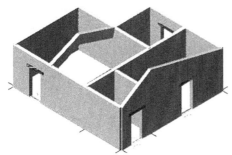

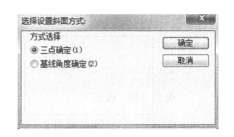

图 7 – 179　梁体变斜　　　　　　　　　图 7 – 180　选择设置斜面方式

楼板变斜两种设置方式的解释如图 7 – 181 所示。

三点确定	含义：通过楼板上的三个不同位置的点的绝对标高来控制楼板的倾斜程度。 方法：① 依次选取楼板上的三个点，输入各自的标高。② 提取标高，可以提取相邻楼板的已知标高，选取相应楼板，再选取楼板上的某个提取点，如果认为不正确，按 < R > 键，再按 < Enter > 键，重新提取
基线角度确定	含义：通过基线以及斜板角度来控制楼板的倾斜程度。 方法：依次选取楼板上基线的起、终点，输入基线的标高，按 < Enter > 键确认；输入楼板的倾斜角度，范围为 – 90 ~ + 90，按 < Enter > 键确认；同时支持"1""1:1""2%"共3种坡度格式

图 7 – 181　楼板变斜方法

这里选择"三点确定"单选按钮，单击"确定"按钮。对如图7-182所示的板构件进行变斜构件的处理。

② 命令行提示

"请选择要设置标高的第1支撑点:"，选取有"1"标志的点，按<Enter>键确认。

"请确定该点标高［P-提取标高］＜P＞:"，输入3000（绝对标高），按<Enter>键确认。

"请选择要设置标高的第2支撑点:"，选取有"2"标志的点，按<Enter>键确认。

"请确定该点标高［P-提取标高］＜P＞:"，输入4500（绝对标高），按<Enter>键确认。

"请选择要设置标高的第3支撑点:"，选取有"3"标志的点，按<Enter>键确认。

"请确定该点标高［P-提取标高］＜P＞:"，输入4500（绝对标高），按<Enter>键确认。

③ 这样红颜色的楼板高度就调整好了，重复步骤②，将余下楼板高度调整好，变斜构件后的板三维图如图7-183所示。

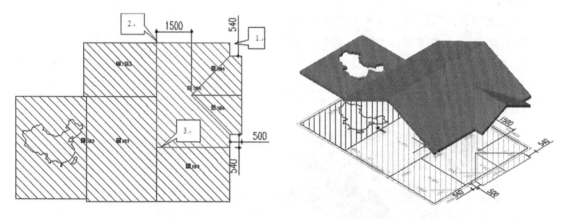

图7-182　板图　　　　　　　　图7-183　变斜构件后的板三维图

注意: 平面图中已经调整为斜板的楼板的颜色变为深蓝色。

4）顶棚变斜详解

① 选择顶棚构件，方法与设置斜板完全相同。

② 在楼板已经变斜后，可以使用第二种方法，单击"随板调高"按钮。

选取某块斜板上的顶棚的符号，这块斜板会变为虚线，软件命令行提示"确定提取默认选择的板面吗?［R-重新选择］＜回车确定＞"，如果确认是的话，按<Enter>键即可；命令行提示"顶棚提取板下底面成功!"，操作完毕。

注意: 吊顶、屋面变斜方法同"顶棚"，在楼板已经变斜后，也可以使用第二种方法，单击"随板调高"按钮，操作与"顶棚变斜"第二种方法完全一致。

5）墙体、墙面变斜详解

① 选取需变斜的墙体，可以是多段墙体（墙体的名称可以不同，但必须是在同一直线上），按<Enter>键确认，出现如图7-184所示对话框。

② 分别输入第一点的墙顶标高和底标高，按 < Enter > 键确认。

③ 再分别输入第二点的墙顶标高和底标高，按 < Enter > 键确认。

墙体变斜三维效果如图 7 - 185 所示。

图 7 - 184　输入标高

图 7 - 185　墙体变斜三维效果

7.11.8　构件对齐

1. 构件对齐命令解析

构件对齐：可以指定轴网、柱、墙、梁、板边线为基准线，将符合条件（不能重合）的柱、墙、梁、板、门窗等构件与此基准线对齐。

2. 构件对齐操作步骤

▶ 第一步，选择命令

单击工具栏中的按钮 ，命令行提示"选择基准线"，点选柱、墙、梁、板边线确定基准线。

▶ 第二步，选择对齐构件

1）点选需对齐构件的一条边，选中的构件自动根据选取的边线与基准线对齐。

2）命令循环，可以选择多个构件与此基准线对齐，按 < Esc > 键退出命令。

注意："构件对齐"命令在基准线选取中增加轴线、板边线、基础构件边线等构件边线，扩大了应用范围。

7.11.9　增加折点

1. 增加折点命令解析

用于设置折梁、折墙。

2. 梁增加折点操作步骤

▶ 第一步，选择命令

单击工具栏中的 按钮，命令行提示"选择梁\墙\栏杆扶手"，选取需增加折点的梁构件，命令行提示"指定插入点"，构件显示如图 7 - 186 所示。

▶ 第二步，确定位置

1）在命令行输入折点位置距起点的距离，然后弹出标高设置对话框，在"标高输入"文本框中输入标高，如图 7 - 187 所示。

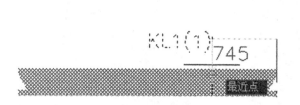

图 7 - 186　梁增加折点

图 7 - 187　标高设置

2）可以对一根梁设置多个折点，设置完成后梁上会出现红色的三角符号，增加折点后的梁如图 7 - 188 所示。

3. 墙增加折点操作步骤

▶ 第一步，选择命令

单击工具栏中的 ✍ 按钮，命令行提示"选择梁＼墙"，选取需增加折点的墙构件，命令行提示"指定插入点"，构件显示如图 7 - 189 所示。

图 7 - 188　梁增加折点三维显示

▶ 第二步，确定位置

1）在命令行输入折点位置距起点的距离，然后弹出标高设置对话框，在标高设置栏中分别输入顶标高与底标高的折点的标高，如图 7 - 190 所示。

2）可以对一段墙设置多个折点，设置完成后墙上会出现红色的符号，增加折点后的墙如图 7 - 191 所示。

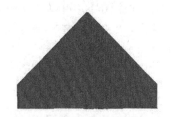

图 7 - 189　墙增加折点　　　　图 7 - 190　标高设置　　　　图 7 - 191　墙增加多个折点三维显示

注意：

① 可以用构件变斜来完成山墙设置，同样也可以采用增加折点的方法来完成。

② 折点的顶标高不得小于底标高。

③ 可以通过折点的方向判定墙的形状（梁同理）。

倒三角 墙是凹进去的，如图 7 - 192 所示。正三角 墙是凸出的，如图 7 - 193 所示。

图7-192　墙增加凹形折点三维显示 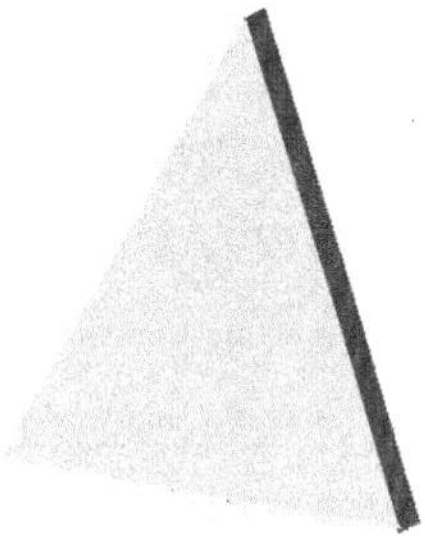　　　　图7-193　墙增加凸出折点三维显示

7.11.10　删除折点

1. 删除折点命令解析

删除折点：用于删除不需要的折点，将已有的折点删除、变直。

2. 删除折点操作步骤

单击工具栏中的钅按钮。选择需要删除折点的梁或墙，此梁或墙就会高亮显示，且命令行提示"选择需要删除的立面折点"，单击一下折点就可删除此折点。

7.11.11　构件显示

1. 构件显示命令解析

构件显示：此命令用于控制构件及 CAD 图纸的显示。

打开指定图层：用以打开被隐藏的图层，这个命令多在 CAD 的转化及描图时使用。

隐藏指定图层：用以隐藏图层，这个命令多在 CAD 的转化及描图时使用。

2. 构件显示操作步骤

▶ 第一步，选择命令

单击工具栏中的💡按钮，弹出如图7-194所示对话框，相关说明如图7-195所示。

构件显示控制	控制显示九大类构件中的每一小类构件，有的构件会有边线控制
跨层构件显示	控制单独显示跨层构件
CAD 图层	控制显示 CAD 图纸中的一些图层，主要在 CAD 转化时使用（导入 CAD 电子文档后软件会自动刷新构件显示控制目录树）
调用	调用用户保存的习惯性使用的图层显示状态
保存	对于当前图层状态可以保存为模板以便调用

图7-195　构件显示说明

图7-194　构件显示控制

► 第二步，调用保存

1）单击调用按钮，可以调用保存的图层显示框架。

2）单击保存按钮，可以保存图层显示的状态，如图7-196所示。

图7-196 调用模板

3）打开指定图层操作步骤

第一步：选择命令，关闭所有构件图层后，单击工具栏中的 🖑 按钮。

第二步：选择图层，十字光标变为方框，同时被隐藏的图层显示出来，选取要打开的图层即可，可以多选。

4）隐藏指定图层操作步骤

第一步：选择命令，打开所有构件图层后，单击工具栏中的 🖑 按钮。

第二步：选择图层，十字光标变为方框，选取要隐藏的图层即可，可以多选。

7.12　鲁班模型检查与修改

7.12.1　云模型检查

1. 云模型检查概述

云模型检查综合了合法性检查的9大项检查内容，同时提高到现在的1100项检查内容，在大幅提升算量准确性的同时，还大大减少了模型检查和改错工作量，可快速提升建模质量，提高准确率。鲁班云模型检查功能是由数百位专家支撑的知识库，可动态更新，实时把控，可避免高达10%的少算、漏算、错算，避免巨额损失和风险。

2. 如何使用云模型检查

单击右侧【云模型检查】命令图标，弹出云模型检查窗口，对工程的混凝土等级、属性合理性、建模遗漏、建模合理性等进行检查，也可以对当前层或全工程以及自定义对其指定的某构件进行检查，如图7-197所示。

3. 修复定位出错构件

单击检查全工程时会对已建好的整个工程进行扫描和检查，检查完成后可以看到问题提示，如图7-198所示。

4. 自定义检查

单击【自定义检查】，再单击自定义检查需要选择的楼层和构件，如图7-199所示，单击"开始"命令，软件自动对所选楼层及构件进行云模型检查。

图 7 - 197　云模型检查界面

图 7 - 198　修复定位出错构件

图 7 - 199　自定义检查

7.12.2　云自动套

1. 自动套配置

利用云端专家的经验预设的自动套模板，自动根据断面、标高、混凝土等级等条件，准确套取相应清单定额，如图 7 - 200 所示。

2. 云端自动套模板

对其选择全国 13 清单之后选择需要的地区定额（必须是云端模板里面现有的地区），之后单击"下一步"，软件弹出对话框，用户可根据需要选择自动套取的构件，如图 7 - 201、图 7 - 202 所示。

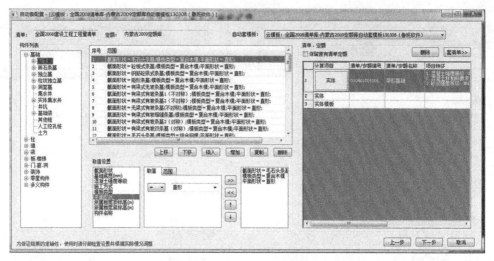

图7-200　自动套配置界面

图7-201　自动套云模板

图7-202　自动套选择界面

对需要自动套取清单定额的构件进行选择及修改后，单击"下一步"，软件弹出选择楼层及构件的提示，根据需要对楼层及构件进行勾选，如图7-203所示。

单击"确定"后弹出对话框，软件提示"将覆盖当前构件所套清单定额，是否继续？"，如图7-204所示。单击"是"后软件自动对选择的楼层构件进行套取清单及定额，如图7-205所示。

图7-203　楼层及构件选择

图7-204　确认操作

94

图 7-205　构件通过云自动套快速套项

7.12.3　云指标库

单击【云功能】下的【云指标库】，可以进行工程量指标的上传、对比、管理和共享。单击【云功能】下的【云指标库】，弹出云指标库的界面，如图 7-206 所示。上传指标可以上传当前工程和上传其他工程。上传当前工程就是上传软件正在画或者已画好的工程，上传其他工程是指可以上传本地工程到云指标库。

图 7-206　云指标库界面

上传后的指标会出现在指标库里。可以单击标签管理方式，通过配置智能对指标进行分组管理，如图 7-207 所示。上传后的指标可以根据自己的需要进行指标查看。

图 7-207　云指标库设置

选择要相互对比的工程单击"加入对比",再单击"对比指标"按钮,会出现"选择对比方式",选择好后单击"确定",进入对比数据,如图 7-208 所示。

单击按钮进入共享设置,如图 7-209 所示,可以输入开通权限的通行证,然后添加自己的联系人,双击已增加的联系人加入到右边空白处进行共享,最后按下"确定"即可。

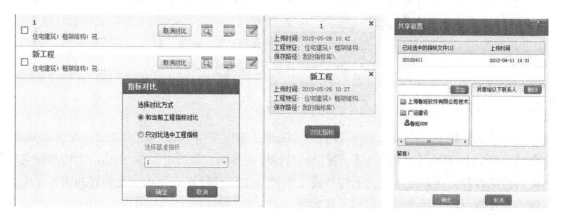

图 7-208 云指标库对比   图 7-209 云指标库共享

7.13 报表出量

7.13.1 套清单定额

软件提供两种算量模式:清单模式和定额模式。清单模式是同时计算清单量和定额量,而定额模式只是计算定额量。本工程采用清单算量模式,以一层为例并且采用手工套取的方式进行讲解。

清单选择"全国 2013 建设工程工程量清单",定额选择"Lubancal 计算项目库",定额计算规则选择"上海 2000 建筑和装饰工程预算定额计算规则 070816",清单计算规则选择"全国 2013 清单计算规则 081128",如图 7-210 所示。

图 7-210 算量模式

1. 清单套取

（1）套清单命令解析

为构件套取相应的清单项。

（2）清单套取操作步骤

以本工程一层混凝土柱 KZ1 为例，清单套取的具体步骤如下：

第一步，打开"属性定义"窗口，选择"柱—混凝土柱—KZ1"选项，单击"套清单"按钮，如图 7 - 211 所示。

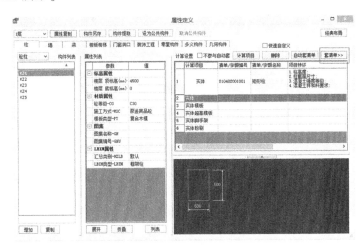

图 7 - 211　套清单

第二步，软件弹出如图 7 - 212 所示"套清单、定额"对话框，在弹出的对话框中套用相应的清单编号。

第三步，双击清单编号，弹出"添加清单编号"对话框，选择性地修改清单编号，修改完成后单击"确定"按钮，如图 7 - 213 所示。

图 7 - 212　选择相应项套取

图 7 - 213　套取清单

2. 定额套取

（1）套定额命令解析

为构件套取相应的定额项。

（2）定额套取操作

在套取定额的同时，会显示相应的定额编号，选择定额套取，方法参考套清单。套取结果如图7－214所示。

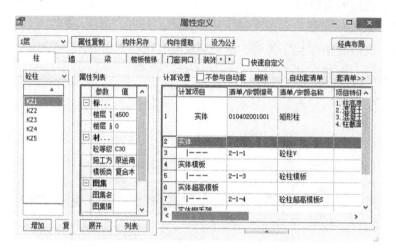

图7－214　定额套取结果

说明：如需对已套取的清单定额进行修改，则单击相应的清单定额项，单击鼠标右键删除，重新套取即可。

3.计算规则

（1）计算规则命令解析

根据所选择的清单/定额，对应相应的计算规则，根据实际要求可进行修改。

（2）计算规则修改操作

单击"计算规则"按钮，可以查看构件的计算方法和扣减项目，可对软件默认的"扣减项目"根据工程需要进行修改，如图7－215、图7－216所示。

图7－215　计算规则设置

图7－216　扣减项目设置

7.13.2　工程量计算

完成了工程建模和定额套取后，可进行工程量的计算，主要包括工程量计算和增量计算。

1. 工程量计算步骤

（1）工程量计算命令解析

可以选择不同的楼层和不同的构件及项目进行计算。

（2）工程量计算操作步骤

第一步，云模型检查，检查建模工程中出错、不完善的地方以及未套取清单/定额等的构件。

第二步，工程量计算，单击右侧工具栏中"工程量计算"按钮 ，弹出"综合计算设置"对话框，勾选要计算的楼层、楼层中的构件及其具体项目，如图 7-217 所示。

计算过程是自动进行的，计算耗时和进度在状态栏上可以显示出来，如图 7-218 所示；计算完成以后，会弹出"综合计算监视器"界面显示计算相关信息，退出后图形回到初始状态，如图 7-219 所示。

图 7-217　工程量计算

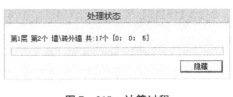

图 7-218　计算过程

图 7-219　综合计算监视器

注意：同一层构件进行第二次计算时，软件只会重新计算第二次勾选计算的构件和项目，第一次不勾选计算的其他构件和项目计算结果不自动清空。计算日志中的计算错误信息，可单击进行查看。

2. 增量计算

（1）增量计算命令解析

适用情况为已经整体计算过的工程，对图形或者属性做了少量的修改，只需计算修改涉及的相关构件，不相关的构件不必处理。这时采用增量计算，可以节约大量时间，提高效率。

（2）增量计算操作步骤

第一步，单击右侧工具栏中"增量计算"按钮↓＋，进入"增量计算"向导界面，可以选择增量操作选项，如图7–220所示。

根据需要选择增量计算的区域和构件：可以指定选取计算全部图形（当前层）上任意类构件及其项目；也可以指定选取计算区域图形（当前层）上的任意构件及其项目；同时可以查看已选择待计算的构件图形。

第二步，单击"开始计算"按钮。计算完毕后，会弹出"综合计算监视器"界面，如图7–221所示，显示计算相关信息，退出后图形回复到初始状态。

图7–220　增量计算

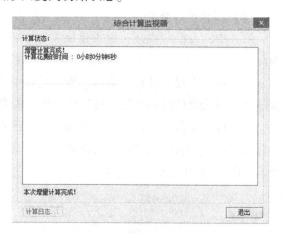

图7–221　增量计算结果显示

7.13.3　报表输出及结果分析

1. 计算报表

（1）计算报表命令解析

① 计算报表：将计算完的工程量形成计算书或树状表，可查看各构件的工程量。

② 打印：将报表计算结果打印出来。

③ 预览：预览一下要打印的计算结果，选择导出文件类型。

④ 导出：将计算的构件定额或清单量以 Excel 格式导出软件。

⑤ 统计：将计算的构件按照楼层、楼层中的构件以及项目名称进行统计。

⑥ 指标报警：分析表时如构件超越设置的极限值，数据值会突出显示。

⑦ 高亮：将计算结果为0的项目或是不符合指标的项目以红色突出显示。

⑧ 合并：可以合并一些完全相同的计算结果，节省打印纸张。

⑨ 反查：将计算结果相关联的构件在软件界面上以高亮虚线表示出来。

⑩ 按分区：可以根据施工时间和施工顺序段统计工程量。

（2）计算报表操作步骤

▶ 第一步，打开计算书

单击工具栏中"计算报表"按钮，进入鲁班算量计算书，可以根据项目工程量计算所需进行清单/定额模式的切换，如图 7‒222、图 7‒223 所示。

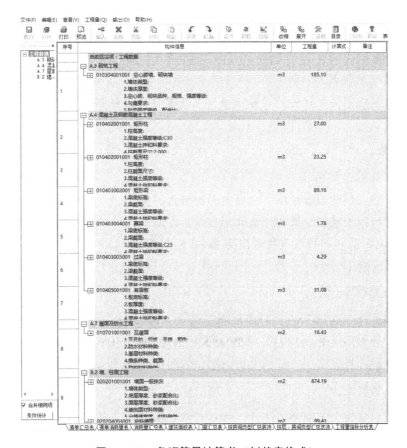

图 7‒222 鲁班算量计算书（预算表格式）

图 7‒223 鲁班算量计算书（树状表格式）

▶ 第二步，构件反查

选择"计算书"中的构件信息，单击报表中的"反查"命令，会出现一个"反查结果"对话框，如图7-224所示。

图7-224 报表反查

在此对话框中，可以双击构件名称，在界面上即可高亮虚线显示该构件，再单击"下一个"按钮即可看到下一个该类构件。单击"返回至报表"按钮即结束该对话框，返回至报表。

在报表中软件提供了多种数据汇总方式，方便用户查看统计工程量计算数据。当发现某项所套定额或计算数据不合理，可以切换回软件界面对照进行检查修改。修改完成后，可采用"增量计算"按钮 对修改的构件操作进行计算。

计算结果汇总的类型有以下几种：汇总表、计算式、面积表、门窗表、房间表、构件表、量指标、实物量（云报表）八种。

注意：查看报表需要执行一下计算命令，无论算什么构件都可以，计算报表中才能出现计算结果。

2. 导出报表

（1）报表导出命令解析

导出报表：将生成的报表导出，可导为多种格式的文件。

条件统计：可以按楼层、按构件统计工程量，方便查看。

导出到Excel（E）：将报表文件导出为Excel格式。

（2）导出报表操作步骤

▶ 第一步，报表导出格式

图7-225 导出格式

在菜单栏中选择"预览"→"导出报表"命令，可以选择预算接口文件。软件提供Excel格式、RTF格式、PDF格式、HTML格式、CSV格式文件及文本文件、图像文件、报表文档文件的输出数据，如图7-225所示。

▶ 第二步，条件统计

正常情况下软件按套定额章节统计工程量计算结果，可以改变统计条件，按楼层、楼层中的构件统计，如图7-226所示。

在菜单栏中选择"文件"→"导出到Excel（E）"命令，可将计算结果保存成Excel文件，选择好路径并输入名称后单击 "保存" 按钮，如图 7-227、图 7-228 所示。

图 7-226　条件统计

图 7-227　输出 Excel 表格

分部分项计算式

序号	项目编码	项目名称	计算式	计量单位	工程量	备注
			A 4 混凝土及钢筋混凝土工程			
1	0104020010 01	矩形柱 1. 柱高度 2. 柱截面尺寸 3. 混凝土强度等级:C30 4. 柱截面尺寸:2.000		m³	27.00	
		1层		m³	27.00	
		KZ1		m³	27.00	
		5/B	0.5【截面宽度】×0.5【截面高度】×4.5【高度】	m³	27.00	1.13×24件
2	0104020010 01	矩形柱 1. 柱高度 2. 柱截面尺寸 3. 混凝土强度等级: 4. 混凝土拌和料要求:		m³	23.25	
		1层		m³	23.25	
		KZ2		m³	13.50	
		3/C	0.5【截面宽度】×0.5【截面高度】×4.5【高度】	m³	13.50	1.13×12件
		KZ3		m³	2.25	
		3/A	0.5【截面宽度】×0.5【截面高度】×4.5【高度】	m³	2.25	1.13×2件
		KZ4		m³	5.00	
		1/A	0.5【截面宽度】×0.5【截面高度】×5【高度】	m³	5.00	1.25×4件
		KZ5		m³	2.50	
		1/B	0.5【截面宽度】×0.5【截面高度】×5【高度】	m³	2.50	1.25×2件

工程名称:思博教材工程　　　第1页 共1页

图 7-228　Excel 表格

思考与练习

（1）当发现某个构件工程量有疑问时，如何查找这个构件的具体位置?

（2）如何查找工程中有问题的构件?

BIM建模与算量
BIM jianmo yu suanliang

第3篇 鲁班钢筋 BIM 建模

03

第8章

鲁班钢筋 BIM 建模软件概述

8.1 鲁班钢筋 BIM 建模软件的功能

鲁班钢筋 BIM 建模软件是独立自主平台开发的工程量自动计算软件。它采用多种快速建模方式，建立模拟工程现场情况的信息模型，遵循全国通用的图集系列（含平法系列图集、结构设计规范、施工验收规范和常见的钢筋施工工艺等)，智能检查纠正工程量少算、漏算、错算等情况，最终汇总统计各类钢筋工程量表单。其用于工程项目全过程管理，充分考虑了我国工程造价模式的特点及未来造价模式的发展变化。鲁班钢筋 BIM 建模软件具有以下三大功能。

（1）快速建立三维模型

鲁班钢筋 BIM 建模软件可采用 CAD 转化、手工建模等方式帮助 BIM 施工员快速建立与工程图纸、技术资料相同的三维 BIM 模型。它能够识别并提取 CAD 电子图中的柱、墙、门窗、梁、板筋、独基等构件的尺寸和配筋信息，准确定位、自动生成各类构件的三维模型。通过该模型可以更加直观地了解工程具体情况与细部节点，使得整个计算过程更直观地显示在人们面前，方便现场技术交底并确定技术方案，将 BIM 施工员从原有的二维平面分析工作模式带入到三维动态变化模拟中。

（2）自动汇总工程量

软件可灵活多变地输出各种形式的工程量数据，满足不同的需求。软件可分类汇总各工程量，如钢筋汇总表、钢筋明细表、接头汇总表、经济指标表、多工程报表、自定义报表和清单定额表等。提供的表格中既有构件的总量，同时也有构件详细的计算公式。可满足从工程招标投标、施工到决算全过程工程量的统计分析。

（3）检验纠错功能

软件中设置的智能检查功能，可检查用户建模过程中少算、漏算、错算等情况，并提供详细的错误表单，提供参考依据和规范，以及错误位置信息，并提供批量修改方法，最大程度上保证了模型的准确性，避免造成不必要的损失。

8.2 鲁班钢筋 BIM 建模软件的操作流程

鲁班钢筋 BIM 建模软件的操作可按照以下流程进行：首先在完成钢筋 BIM 建模软件安装

后，仔细分析工程混凝土等级、抗震等级、楼层标高、结构类型等关键信息，在对整个工程有框架性认识后，开始工程设置，填入关键参数，选择算量模式；接着按照所提供的图纸、合同等信息资源，选择 CAD 转化、LBIM 导入、手工描图等方式建立工程 BIM 模型；然后根据国标图集完成各构件钢筋工程量的计算；最后进行模型和数据的输出。鲁班钢筋 BIM 建模软件的操作流程如图 8-1 所示。

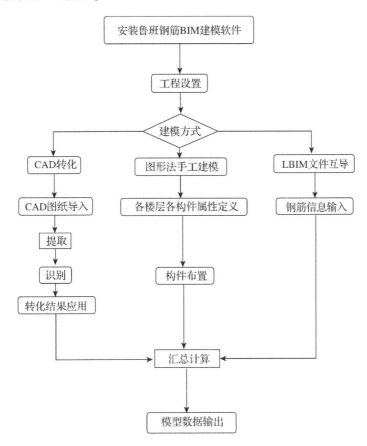

图 8-1　软件操作流程

1. 工程设置

工程设置是软件操作的准备工作，将完成工程关键信息的设置。工程设置的内容如下。

① 工程概况，如工程名称、工程地点、结构类型、建筑规模等信息。

② 计算规则，如图集版本选择、抗震等级选择、根数取整规则、计算参数等信息。

③ 楼层设置，如楼层名称、楼层层高、楼地面标高、建筑面积等信息。

④ 锚固设置，如锚固值查表及修改、锚固条件设置、搭接系数等信息。

⑤ 计算设置，如构件计算规则参数值、属性导入导出等信息。

⑥ 搭接设置，如各构件接头设置、接头导入导出等信息。

⑦ 标高设置，如各构件的楼层标高、工程标高修改。

⑧ 箍筋设置，如复合箍筋内部组合方式修改。

2. 工程建模

工程 BIM 模型建模是软件操作的核心阶段，该阶段既要完成对构件的属性定义和布置，也要按照工程具体情况选用对应的图集版本。这个过程耗用时间长，需要通盘考虑整个工作流程。所以依据所提供的图纸、合同等信息资源，选择合适的建模方式尤为重要。

工程建模有三种方式：手工建模、CAD 转化建模和 LBIM 互导建模。

① 手工建模一般适用于只有蓝图，没有电子图的情况。通过读图、识图，掌握结构类型、抗震等级和混凝土等级等信息，进行属性定义，然后依据蓝图绘制图形，将所有需计算的工程构件模型建立起来。

② CAD 转化建模一般适用于有 CAD 电子图的情况。将图纸倒入钢筋 BIM 建模软件中，通过对 CAD 图纸的识别、提取和应用，将图形信息转化为鲁班钢筋中的构件，转化的同时读取构件信息，省去属性定义及布置的操作，加快建模速度。同时，对于图纸中一些表格类型的数据也能直接转化到软件中，生成对应的构件属性。

③ LBIM 互导建模是通过软件的互导功能，实现全专业的数据互导，即将做好的土建 BIM 模型以 LBIM 文件的形式导入钢筋软件中，转化为工程钢筋模型中的构件。导入完成后，无须再布置结构部分，直接进行构件的钢筋信息输入和计算出量汇总。此建模方法的使用，建议在剪力墙结构的情况下选用，其他结构类型不建议选用此建模方法。

3. 汇总计算和报表输出

汇总计算是将工程模型中的各个构件配筋进行定义及布置，然后由软件根据国标图集自动计算构件之间的锚固搭接关系，最终获得工程量。电子表格能够进行统计分析，可根据需要按照楼层、构件类型、直径范围等形式汇总，并提供计算公式，方便反查对账。同样可以将模型输出到造价软件中，使得算量、造价联系更加紧密，造价更加准确。同时支持 BIM 模型上传至 Luban BE、Luban MC 中，进行相关信息查看。

第 9 章

鲁班钢筋 BIM 建模软件操作与绘图方法

本章沿用"某储运公司办公楼项目"案例,通过实际项目的引导,逐步深入地讲解钢筋计量软件的各种操作方法和技巧。在钢筋计量之前必须先熟悉图纸,以便更好地进行实战操作。

储运公司办公楼工程是框架结构形式,抗震等级为三级。除在结构图中注明外,本工程各层楼、屋面梁及柱、墙配筋均采用"平法"制图,图中构造详图见《16G101-1》等规则。

9.1　工程设置

(1) 工程概况

工程概况中的内容根据结构设计总说明进行填写,例如工程名称、结构类型等,如图 9-1 所示。编制日期可通过日历形式填写,如图 9-2 所示。"工程概况"处填写工程的基本信息、编制信息,这些信息将与报表联动。

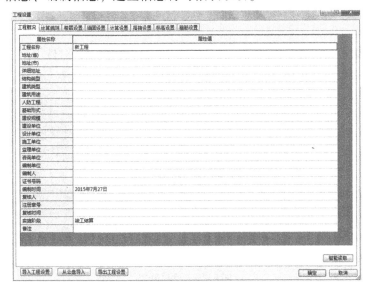

图 9-1　工程概况

图 9-2　日历

（2）计算规则

根据结构说明要求，选择相对应的图集、抗震等级等参数，并在"计算规则"选项卡中进行工程计算规则默认值设置，如图9-3所示。

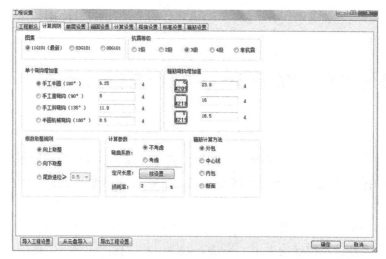

图9-3　计算规则

其中"箍筋弯钩增加值"位置标注的简图"4209"等编号表示的意思为：第一位是组成单根钢筋形状的段数（不包括弯钩）；第二位是该单根钢筋端部弯钩的个数；第三、四位是在第一、二位的条件下的单根钢筋形状的软件自编序列号。因此"4209"则为钢筋折数4折，钢筋两端各带一个弯钩，这样的形状在软件编码中排09。

注意： 该设置中，单个弯钩增加值、箍筋弯钩增加值和弯曲系数这3项完成工程设置则立即生效；其他项因涉及整体计算，故需要在图形法中计算一遍才可生效。在"定尺长度"一栏中可以根据不同的钢筋直径设置不同的定尺长度。

（3）楼层设置

根据图纸楼层表可以对楼层进行设置，如图9-4所示。按楼层表的信息，对楼层进行设置，如图9-5所示。

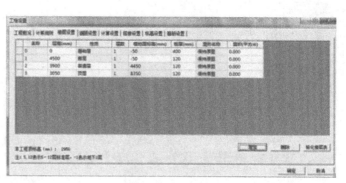

11.400	屋顶层	
8.350	屋面层	3.05
4.450	二层	3.9
-0.050	一层	4.5
楼面标高	楼层	层高(M)

图9-4　楼层表　　　　　　　　　图9-5　楼层设置

（4）锚固设置

如图 9‑6 所示，可分层、分构件定义构件的保护层、抗震等级、混凝土等级、搭接系数，以及对应钢筋的锚固值修改。后期对楼层设置所修改的参数需用图形法整体计算后生效。

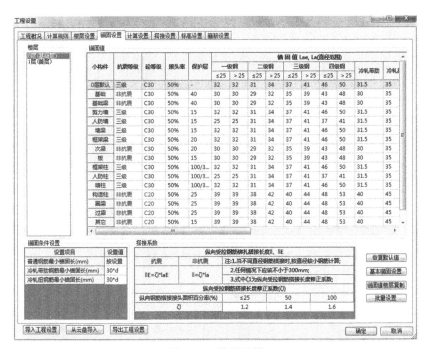

图 9‑6　锚固设置

注意：

1）基础、次梁、板、构造柱、圈梁、过梁、其他等非抗震构件一直默认为"非抗震"。

2）高亮显示的含义

① 抗震等级：与上一步计算规则设置不同。

② 混凝土等级：构件与所在楼层的设置不同。

③ 锚固值与规范值不同。

（5）计算设置

根据图纸特殊要求，对其计算设置进行更改。若图纸只说明遵照图集规定，那么计算设置可按默认值，如图 9‑7 所示。此计算设置针对图形法中所有构件有效，该设置可导出为模板，可在其他相似工程中设置时导入，计算设置项目对所有使用默认值的构件即时生效，修改之后，需对构件进行计算后，才能统计出工程量。

（6）搭接设置

如图 9‑8 所示，可分构件大类、小类，按钢筋的级别与直径范围对接头类型进行整体设置。

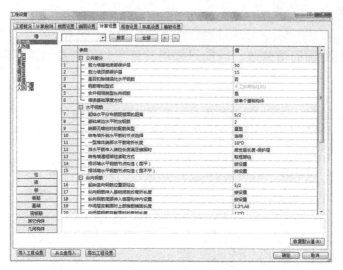

图9-7　计算设置

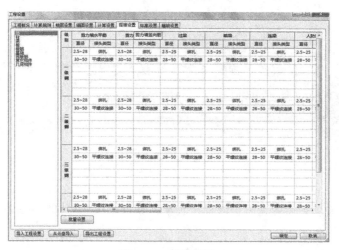

图9-8　搭接设置

修改接头类型，需整体计算，计算结果即在报表中体现。这些设置可导出为模板，在进行其他工程设置时直接导入即可，可以提高效率。

（7）标高设置

标高设置可分构件设置标高、楼层标高和工程标高。楼层标高和工程标高均为相对标高，一个相对本层楼地面，一个相对首层楼地面，如图9-9所示。修改标高形式后，图形法会自动换算为相应高度。基础构件只显示工程标高，标准层只显示楼层标高。

（8）箍筋设置

在此界面可整体设置多肢箍筋的内部组合形式，如图9-10所示。

注意：箍筋设置需用图形法整体计算一遍，工程量及时更新并重新统计。

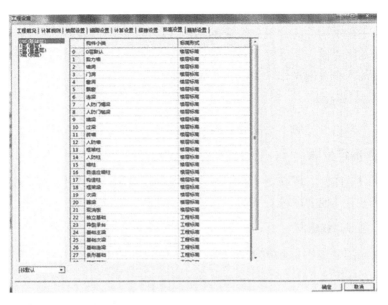

图 9 – 9　标高设置

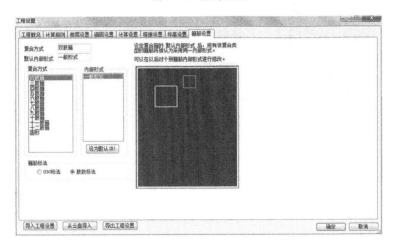

图 9 – 10　箍筋设置

思考与练习

（1）锚固设置界面中，文字呈红色高亮显示的含义是什么？

（2）计算设置如何在多个工程中进行共享？

（3）楼层标高和工程标高哪个是相对标高？哪个是绝对标高？

（4）什么构件只显示楼层标高？什么构件只显示工程标高？

9.2　轴网（含 CAD 转化）

9.2.1　手工建立轴网

轴网是建筑制图的主体框架，建筑物的主要支撑构件按照轴网井然有序地定位排列，并在最终计算结果中显示构件的位置。组成轴网的线段叫轴线，轴线用轴号命名。在工程案例中要准确地完成轴网建模，需要完成两部分的工作，首先了解"直线轴网"中的各项基本命令，其次是掌握轴网布置的操作步骤。

1. 直线轴网命令解析

直线轴网命令解析可参照土建部分直线轴网。

2. 轴网布置操作步骤

参考首层轴网平面图，建立该工程轴网。具体操作步骤（在软件中对编辑参数方向的轴线和标注都呈黄色，其他为绿色）如下。

▶ **第一步，创建直线轴网**

单击"直线轴网"的图标 **╫ 直线轴网 →0**，在出现的对话框中单击"高级"按钮，在展开界面中进行设置，如图9-11所示。

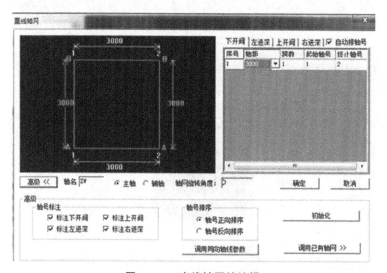

图9-11　直线轴网的编辑

在图9-12的界面中，按图纸输入轴网尺寸，可先按顺序从下开间开始输入"轴距"。在输完一跨后，按 <Enter> 键，软件会自动增加一行，依次输入各开间及进深尺寸。

下开间：6400 - 600 - 3000 - 6000 - 6000 - 6000 - 6000 - 6000 - 6000 - 6000 - 6000 - 6000 - 6000 - 3000。

左进深：10000 - 8000。

上开间：6400 - 600 - 3000 - 6000 - 6000 - 6000 - 6000 - 6000 - 6000 - 6000 - 6000 - 6000 - 6000 - 3000。

右进深：10000 - 8000。

按照图纸将轴距依次输入后，可以在预览区中看到轴网的形状，如图9-12所示。

注意：图9-12所示界面中，可以定义"主轴"和"辅轴"。软件默认的轴网设置为主轴，而在定义轴网的时候，可以根据工程情况进行主辅轴的选择。它们之间的区别：主轴在整个工程所有楼层里都全部显示，辅轴只在当前层显示。

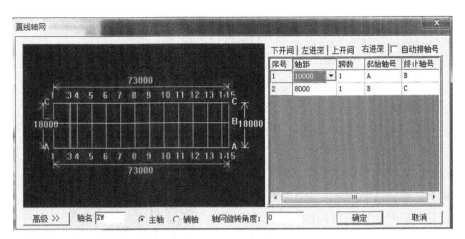

图 9 - 12　定义好的轴网预览

▶ 第二步，直线轴网布置

定义好轴网后，单击右下角的"确定"按钮，此时光标为十字光标（右上角附带轴网），然后在 X、Y 交点位置单击鼠标左键即可完成轴网布置，如图 9 - 13 所示。

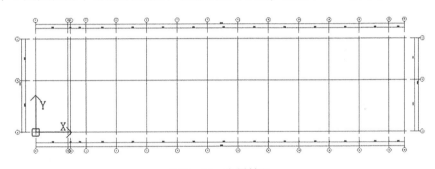

图 9 - 13　布置轴网

9. 2. 2　CAD 轴网转化

轴网是建筑制图的主体框架，起到构件定位和绘制结果中构件位置显示的作用。无论是手工建模，还是 CAD 转化，流程都是一致的，都应先布置轴网。

1. CAD 轴网转化命令解析

构件显示控制：按需求分构件、名称，进行隐藏和显示。

识别后构件图层：通过"识别"，"已提取的 CAD 图层"上的图元也会在"识别后的构件图层"中体现。

已提取的 CAD 图层：通过"提取"，"CAD 图层"上的图元将在"已提取的 CAD 图层"中体现。

CAD 原始图层：初始导入软件的图纸即在这个图层，这个图层包含所有 CAD 原始文件里的 CAD 图层。

导入 CAD 图：将分解好的结构平面图导入到软件中。

提取轴网：将轴线和轴符按图层、局部和局部图层等方式进行提取。

自动识别轴网：将提取的轴网按主、辅轴进行识别。

转化结果应用轴网：将提取、识别后的轴网通过应用步骤"转化结果应用—轴网"完成软件中的轴网。

鲁班 BIM 建模软件 CAD 转化内部共设置两个图层，一是"构件显示控制"图层，二是"CAD图层"。两个图层都是通过"图层控制"打开与关闭，工具栏中的灯泡即为"图层控制"图标，如图 9-14 所示。单击这个灯泡，勾选需要显示的图层，则在软件中只显示前面打勾的图层。"构件显示控制"对识别后的构件进行"转化结果应用"后，构件即成为软件中参与汇总计算的构件。在

图 9-14　图层控制

"构件显示控制"中，可显示图形中已经布置好的图元或转化好的图形。

注意：图形中已经布置好的图元，指的是通过手工建模而不是通过 CAD 转化方式布置的构件。

2. CAD 轴网转化操作步骤

CAD 转化也是有转化顺序的，先转化首层的构件，其次是普通层和顶层，最后是基础层。

▶ 第一步，导入 CAD 图

CAD 转化通常从首层开始，在工具栏中将楼层切换到首层。做轴网的 CAD 转化，需要将轴网部分导入软件。因为首层柱平面图中的轴网是最全的，所以先将首层柱平面图导入钢筋 BIM 建模软件。

如图 9-15 所示，单击"CAD 草图"下的"导入 CAD 图"选项，在弹出的对话框中找到"轴网"这张图，单击"打开"按钮，弹出对话框，如图 9-16 所示。导入类型通常默认"模型"，实际长度与标注长度的比例通常默认 1:1，单击"确定"按钮，即可将首层柱平面图导入软件，如图 9-17 所示。

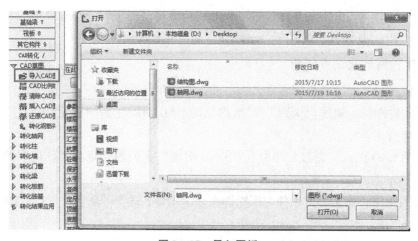

图 9-15　导入图纸

图 9 - 16　比例调整

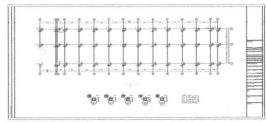

图 9 - 17　图纸导入完成

注意：在 CAD 图中通过"DI"命令任意量取两点之间的距离，如果其实际长度与标注长度是一样的，则比例为 1:1，如果不同，则应按它们之间的实际比例在原图比例调整对话框中输入相应比例。

▶ 第二步，提取轴网

单击"转化轴网"下的"提取轴网"选项，弹出对话框如图 9 - 18 所示。单击"提取轴线"框下的"提取"按钮，再单击红色轴网线，轴网颜色变成紫色，如图 9 - 19 所示，单击鼠标右键，回到如图 9 - 18 所示的对话框，单击"提取轴符"框下的"提取"按钮，将轴符的所有内容都选中，轴符的颜色变成紫色，如图 9 - 20 所示，单击鼠标右键，又回到如图 9 - 18 所示的对话框，单击"确定"按钮。

注意：

① CAD 图的轴线有时可能不在同一个图层中，只点击一次有可能无法全部选中，所以需多点击几次，要把所有轴线都选中后，再单击鼠标右键退出。

② 轴符包括轴尺寸线、轴尺寸数字、尺寸线上的小斜线、轴符内的数字或字母、轴符上的圆圈，在提取轴符时，需逐个选中。

③ 在提取轴符时，其他构件的线条有可能会被提取到，比如柱子的边线、图的边框线等，这些不会影响转化效果。

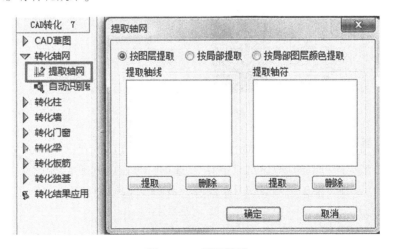

图 9 - 18　提取轴网

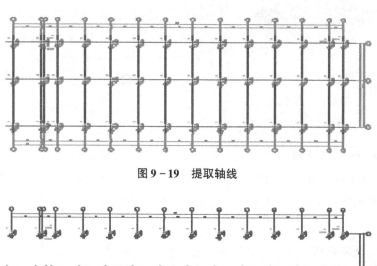

图 9 - 19　提取轴线

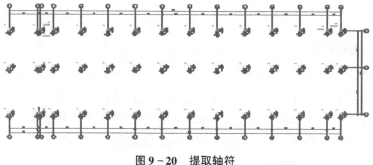

图 9 - 20　提取轴符

▶ 第三步，自动识别轴网

单击"转化轴网"下的"自动识别轴网"选项，弹出的对话框如图 9 - 21 所示，默认识别为主轴网，单击"确定"按钮，弹出的对话框如图 9 - 22 所示，单击"确定"按钮。

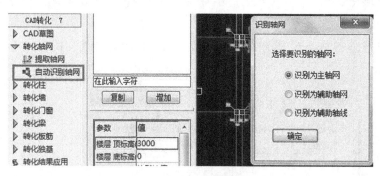

图 9 - 21　自动识别轴网　　　　　图 9 - 22　完成轴网识别

▶ 第四步，转化结果应用

单击"CAD 转化"下的"转化结果应用"选项，弹出的对话框如图 9 - 23 所示，选中"轴网"复选框，选择"删除已有构件"，单击"确定"按钮弹出对话框，如图 9 - 24 所示，单击"确定"按钮。

注意：选择"删除已有构件"选项，则无论之前软件里有没有布置过轴网，都会被清除，只保留本次转化的轴网。

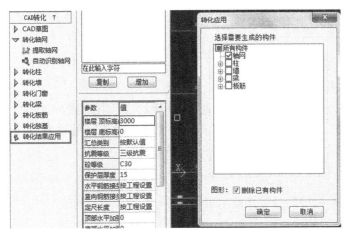

图 9-23　选择需要转化应用的构件　　　　　图 9-24　完成转化

▶ 第五步，图层显示控制

单击图 9-25 中的"图层控制"灯泡，将右侧"CAD 图层"前的勾去掉，选中"构件显示控制"选项，则软件中只显示已经转化好的轴网；勾选"CAD 图层"选项，则同时显示导入的 CAD 图层、提取的 CAD 图层和识别后的 CAD 图层。

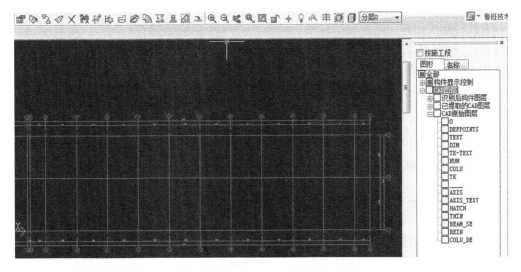

图 9-25　图层控制

思考与练习

（1）轴号不按顺序进行排列如何操作？

（2）"调用已有轴网"有什么作用？

（3）主轴、辅轴之间的区别是什么？

9.3 绘制柱构件（含CAD转化）

9.3.1 手工布置柱构件

柱主要承受轴向压力，是用来支撑上部结构并将荷载传至基础的竖向构件。在工程案例中要准确地完成柱的设置，需要做两部分的工作：首先通过识图，获取柱的截面尺寸、配筋等信息；其次将所了解的信息通过柱属性定义，布置到图形界面上并进行偏移对齐等操作。通过这些操作来掌握柱的属性定义、布置和柱偏移对齐等操作步骤。

1. 柱大类构件命令解析

柱属性定义：将柱的基本截面配筋信息按照要求进行完整定义。

点击布柱：柱为点状构件，将定义好的柱在绘图区中进行点击布置。

偏移对齐：可以将布置好的构件相对其他构件进行边对齐或是让边与边之间存在一定水平距离。

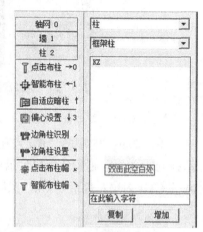

图9-26 属性栏

2. 柱属性定义和布置操作步骤

▶ 第一步，柱属性定义

参考首层柱平面图，定义柱的属性。

1）双击软件界面左边构件属性栏，进入构件属性定义界面，如图9-26、图9-27所示。

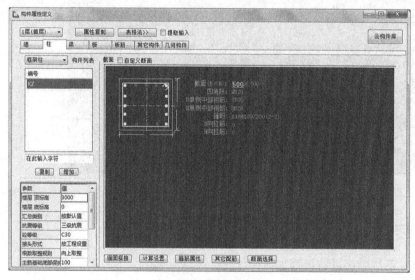

图9-27 柱属性定义

2）按照"首层柱平面图"的柱配筋信息，定义柱的配筋，内容包括"截面""四角筋""B边中部筋""H边中部筋""箍筋""B向拉筋"和"H向拉筋"。定义好柱配筋后，如图9-28所示。

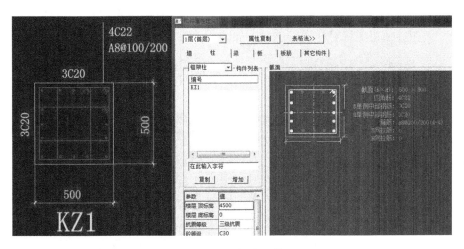

图 9 – 28　柱的配筋

3）根据"首层柱平面图"可看出，KZ1 箍筋为 A8@ 100/200（4 × 4），也可输入为 A8 – 100/200（4 – 4），图中的内箍箍住的纵筋根数为 3 根，要对其进行箍筋属性设置。首先在柱箍筋属性定义界面中单击"箍筋属性"按钮，打开"箍筋属性"设置对话框，如图 9 – 29 所示；其次选中"按总体设置"复选框，单击**箍筋属性**，选择箍筋标法，复合方式选择 4 – 4，并将其中的 nb 和 nh（软件默认参数，由软件自动读取，图中被修改为 3，表示单个内箍箍住纵筋 3 根）改成箍住纵筋的根数；最后单击"确定"按钮即可。

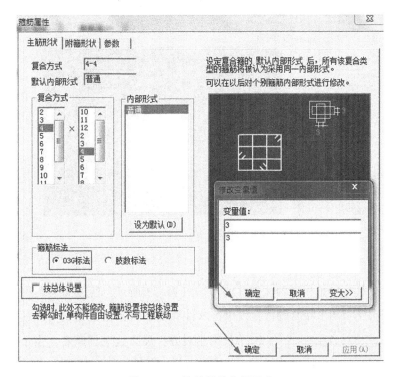

图 9 – 29　柱的箍筋内部形式

4）定义好 KZ1 后，接着是 KZ2、KZ3 等柱的定义，直接单击"构件属性定义"界面中的"增加"按钮，便可继续对柱进行定义，如图 9-30 所示。之后关闭此对话框即可。

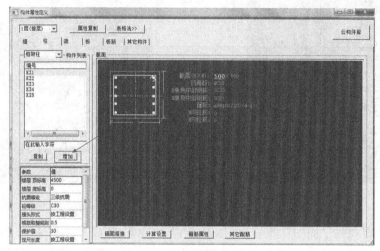

图 9-30　增加柱

▶ 第二步，柱布置

左键单击"构件布置栏"中的"柱"按钮，选择"点击布柱"图标，"属性定义栏"中选择"框架柱"及相应柱的种类，光标由■■变为■■形状，再到绘图区内点击相应的位置，即可布置柱，如图 9-31、图 9-32 所示。

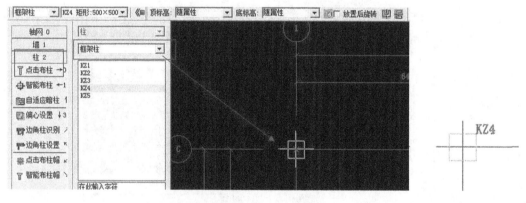

图 9-31　点击布柱　　　　　　　　　　　　图 9-32　柱的定位

▶ 第三步，偏移对齐

因为图纸上的柱位置是相对轴线偏移的，如图 9-33 所示，所以需要利用"偏移对齐"命令，将柱位置调整至与图纸相符的位置。单击软件界面右边工具栏中的■按钮，此时在"实时工具栏"中显示偏移对齐图标■■■■，如果是对齐，那么就选择前者；由于工程实例中柱边与轴线是存在一定距离的，所以选择后者。之后选择一条轴线作为基准线，如图9-34所示。

选择柱的一条边，输入柱边距轴线的距离，单击"确定"按钮即可，如图 9-35 所示。其他柱也可按照这样的操作步骤进行布置，布置完成后的效果如图 9-36 所示。

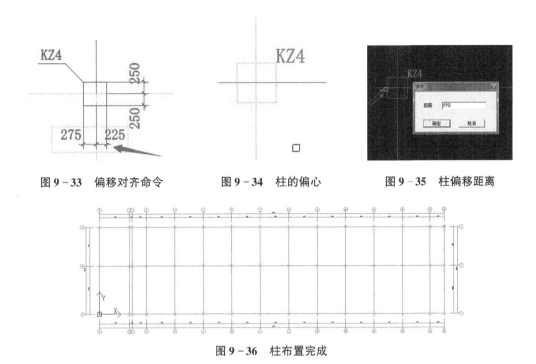

图 9 - 33　偏移对齐命令　　　　图 9 - 34　柱的偏心　　　　图 9 - 35　柱偏移距离

图 9 - 36　柱布置完成

本工程案例中,楼层有一部分柱构件不是按照规范箍筋加密设置的,而是全高加密,那么需要单独对这些具有特殊要求的柱构件进行私有属性设置,调整成与工程要求一致。

▶ 第四步,私有属性设置

单击工具栏中的"设置图形构件的私有属性"图标 ,然后选中 3/B、4/B、3/C、3/D 中的 KZ1,单击鼠标右键,在弹出的构件属性调整对话框中,取消选取"构件属性随编号一起调整"复选框,如图 9 - 37 所示。接着在图 9 - 37 中单击"计算规则",将"上加密区"和"下加密区"默认的参数值改成具体数值,如图 9 - 38 所示,单击"确定"按钮,再在图 9 - 37 中单击"应用"和"确定"按钮即可,软件会将私有属性设置过后的柱名称用白色区别于其他柱构件。

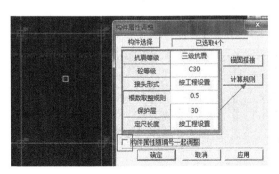

图 9 - 37　构件私有属性调整　　　　　　图 9 - 38　私有属性参数设置

9.3.2 CAD 柱转化

完成 CAD 轴网转化后，可以先做首层柱、墙、梁、板，然后做中间层的柱、墙、梁、板，再做顶层的柱、墙、梁、板，最后做地下室的构件和基础层的构件；也可以先做首层、普通层、顶层、地下室、基础层的柱，然后做这些楼层的墙，再做这些楼层的梁，接着做这些楼层的板，最后做这些楼层的其他构件。本书以首层柱转化为例进行讲解。

1. CAD 柱转化命令解析

提取柱：将柱边线和柱标识按图层、局部和局部图层等方式进行提取。

自动识别柱：将提取的柱属性（框架柱、暗柱）和断面选择（常规、自定义）进行识别。

柱表详图转化：将表格形的柱详图进行配筋转化。

转化结果应用柱：将提取、识别后的柱构件通过"转化结果应用"步骤转化成软件中的柱构件。

2. CAD 柱转化操作步骤

▶ **第一步，导入 CAD 图和提取柱**

CAD 图导入，单击"转化柱"下的"柱提取"，分别提取柱名称与柱边线。

▶ **第二步，自动识别柱**

单击"转化柱"下的"自动识别柱"选项，弹出的对话框如图 9 - 39 所示，图纸中的首层柱全部都是框架柱，都是以"KZ"为名称，所以在"框架柱"文本框中输入"KZ"；图纸中的柱的配筋信息没有集中标注在柱名称下面，而是单独列了一个表格，如图 9 - 40 所示，选择"自定义断面柱"单选按钮，单击"确定"按钮即可完成自动识别柱。

图 9 - 39　自动识别分类

注意：图纸中的柱的配筋信息集中标注在柱名称下面，在图 9 - 41 中选择"常规断面柱"；图纸中的柱的配筋信息没有集中标注在柱名称下面，而是单独列了一个表格，如图 9 - 40 所示，选择"自定义断面柱"单选按钮进行识别，识别完成提示如图 9 - 42 所示。

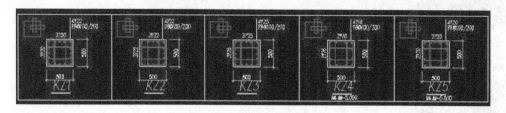

图 9 - 40　自定义断面柱

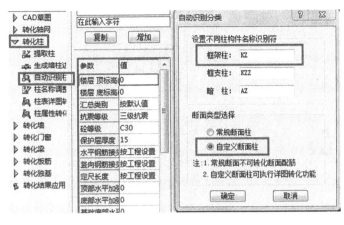

图 9-41　自动识别柱　　　　　　　图 9-42　识别完成

▶ 第三步，柱表详图转化

如图 9-43 所示，单击"转化柱"下的"柱表详图转化"选项。框选柱表，如图 9-44 所示，单击鼠标右键弹出对话框如图 9-45 所示，单击"提取柱边线"框下的"提取"按钮，点击柱截面的外边线，如图 9-46 所示，单击鼠标右键即退回到如图 9-45 所示的界面；单击"提取钢筋线"框下的"提取"按钮，点击柱截面的红色钢筋线，如图 9-47 所示，单击鼠标右键即退回到如图 9-45 所示的界面；单击"提取柱标注"框下的"提取"按钮，选择所有的柱标识，如图 9-48 所示，单击鼠标右键即退回到如图 9-45 所示的界面，单击"确定"按钮即可完成柱表详图转化。

图 9-43　转化柱　　　　　　　　图 9-44　柱表详图

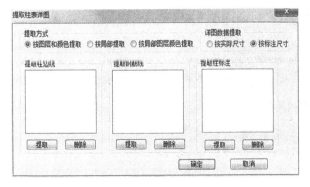
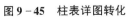
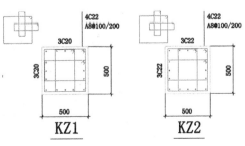

图 9-45　柱表详图转化　　　　　　图 9-46　提取柱边线

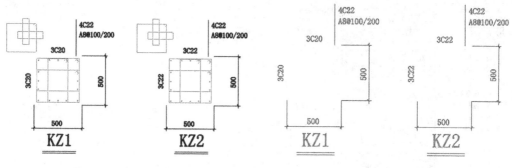

图 9-47 提取钢筋线　　　　　图 9-48 提取柱标识

注意：

① 图纸中的柱的配筋信息没有集中标注在柱名称下面，而是单独列了一个表格，如果表格中只有柱名称、柱配筋信息，没有柱截面图形，则使用菜单栏中"属性"下的"柱表"进行柱的转化；如果表格中除了有柱名称、柱配筋信息外，还有柱截面图形，则使用菜单栏中"转化柱"下的"柱表详图转化"进行柱的转化。

② 在提取柱边线时，如果所提取的柱边线并不在同一个图层上，点击一次无法将所有的柱边线全部提取到，需多点击几次，直至将所有的柱边线选中为止；提取柱钢筋线时也是如此。

③ 柱标注包括柱集中标注、引出线、柱截面尺寸线及其小斜线、尺寸数字、截面 B 侧和 H 侧钢筋等，在提取时需全部提取。

► **第四步，柱属性转化**

转化好的柱配筋信息需要在"柱属性转化"界面中检查一下是否转化正确。如图 9-49 所示，单击"转化柱"下的"柱属性转化"选项，在弹出的对话框中切换柱类型，依次切换柱名称，对照 CAD 图纸检查每个柱的截面尺寸与配筋信息是否正确，检查完毕单击"确定"按钮即可完成柱属性转化。

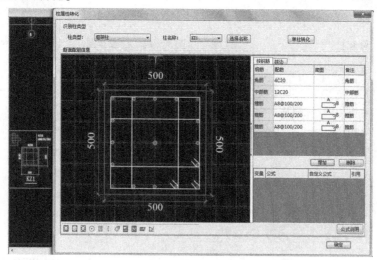

图 9-49 柱属性转化

▶ 第五步，转化结果应用

单击"CAD 转化"下的"转化结果应用"选项，弹出对话框如图 9 - 50 所示，勾选"柱"复选框，勾选"删除已有构件"项，单击"确定"按钮，弹出对话框如图 9 - 51 所示，单击"确定"按钮即可完成转化结果应用。

注意：选择"删除已有构件"项，无论之前软件里本楼层有没有布置过柱，都会被清除，只保留本次转化的柱。

图 9 - 50　转化结果应用　　　　图 9 - 51　转化结果应用完成

▶ 第六步，图层显示控制

单击如图 9 - 52 所示的"图层控制"图标 💡，取消选中"CAD 图层"复选框，勾选"构件显示控制"复选框，此时软件绘图界面只显示已经转化好的柱；双击"构件属性定义栏"空白区域，如图 9 - 53 所示，进入构件属性定义对话框，如图 9 - 54 所示，其中 KZ 是软件默认自带的柱，可直接删除，也可查看转化结果应用后的框架柱的截面信息和配筋信息。

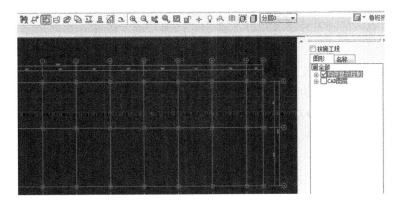

图 9 - 52　图层控制　　　　　　　　图 9 - 53　属性栏

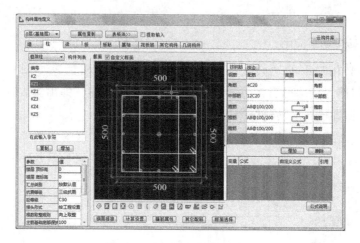

图 9-54　柱的构件属性定义

思考与练习

（1）柱内箍筋箍住的纵筋根数如何设置？

（2）如何将柱进行偏移对齐？

9.4　绘制梁构件（含 CAD 转化）

9.4.1　手工绘制梁

在工程案例中要准确地完成梁的设置，需要进行两部分的工作，首先通过识图，获取梁的截面尺寸、配筋等信息；然后将所了解的信息通过梁属性定义，布置到图形界面上进行支座识别和平法标注等操作。通过学习掌握梁的属性定义、布置和梁偏移对齐等操作步骤。

1. 梁大类构件命令解析

梁属性定义：将梁的基本截面配筋信息按照要求进行完整定义。

连续布梁：梁为线性构件，将定义好的梁在绘图区中进行连续布置。

调整构件标高：图形法中，可对布置好的构件，例如柱、墙、梁、板筋等构件按照工程要求进行相应标高调整。

支座识别：将布置好的梁构件进行支座识别。

平法标注：图形法中，可对布置好的构件，例如柱、墙、梁、板筋等构件进行平法标注。

偏移对齐：可以将布置好的构件相对其他构件进行边对齐或是让边与边之间存在一定水平距离。

2. 梁属性定义和布置操作步骤

参考二层梁平面图，定义梁的属性。

▶ 第一步，梁属性定义

双击软件界面构件属性栏，进入"构件属性定义"界面，如图 9-55、图 9-56 所示。

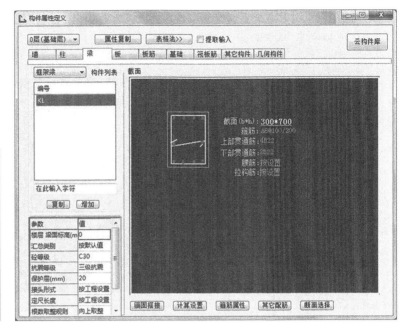

图 9-55　梁的属性栏　　　　　　　　　　　图 9-56　梁属性定义

　　按照"二层梁平面图"的梁配筋信息，定义梁的配筋。进入"构件属性定义"对话框，先定义框架梁，在梁编号上单击鼠标右键，可对构件进行重命名，将其名称改为 KL1。需编辑的内容包括"截面""箍筋""上部贯通筋""下部贯通筋""腰筋"和"拉钩筋"。定义好 KL1 配筋后，如图 9-57 所示。定义好 KL1，接着就是 KL2、KL3 等梁的定义，直接单击"构件属性定义"界面中的"增加"（图 9-58），便可以继续对梁进行定义，之后关闭此对话框即可。

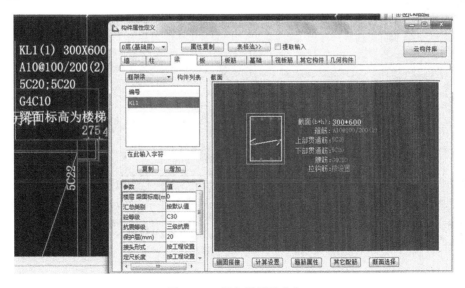

图 9-57　框架梁属性定义

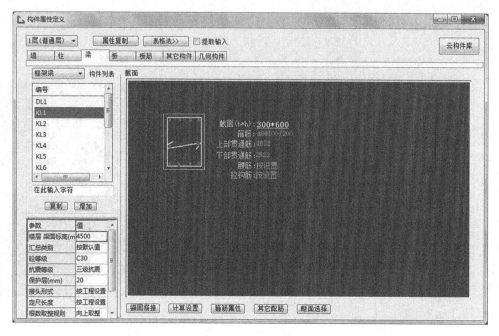

图 9 – 58　增加梁

接着定义次梁，切换到"次梁"，在梁编号上单击鼠标右键，可对构件进行重命名，将其名称改为 L1。需编辑的内容包括"截面""箍筋""上部贯通筋""下部贯通筋""腰筋""拉钩筋"。定义好 L1 配筋后，如图 9 – 59 所示。定义好 L1，接着就是 L2、L3 等梁的定义，直接单击"构件属性定义"界面中的"增加"按钮，便可以继续对梁进行定义，之后关闭此对话框即可，如图 9 – 60 所示。

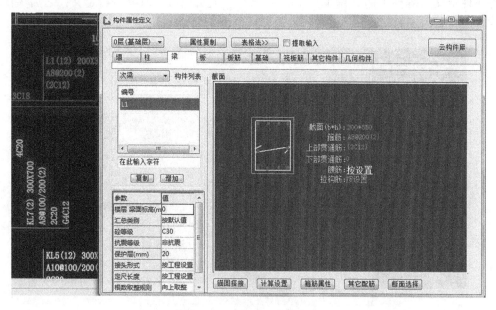

图 9 – 59　次梁 L1 属性定义

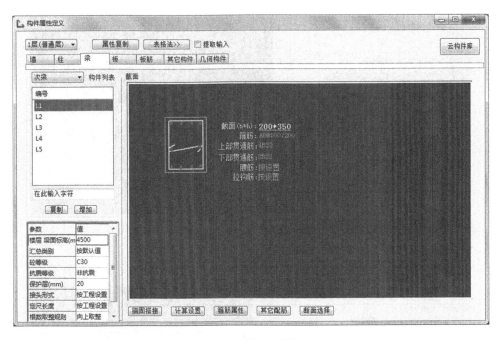

图 9 - 60 其他次梁属性定义

▶ 第二步，连续布梁

单击"构件布置栏"中的"梁"按钮，选择"连续布梁"图标，在"属性定义栏"中选择"框架梁"及相应梁的种类，光标由 ✛ 变为 ✛ 形状，再到绘图区内点击选择梁的起点和终点，单击鼠标右键后即可完成该梁的布置，如图 9 - 61 ~ 图 9 - 63 所示。其他梁可以按照这样的操作步骤进行布置，布置完成后的效果如图 9 - 64 所示。

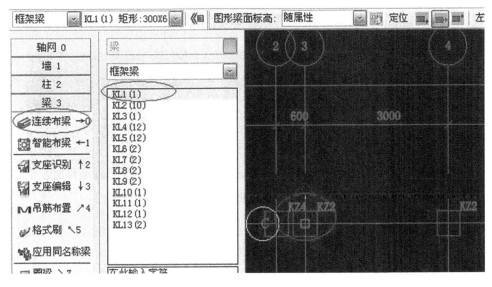

图 9 - 61 点选梁的起点

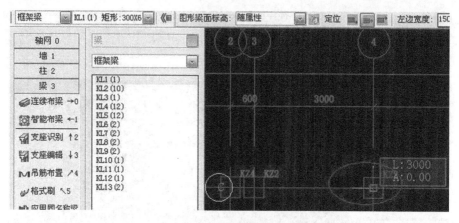

图 9 – 62　点选梁的终点

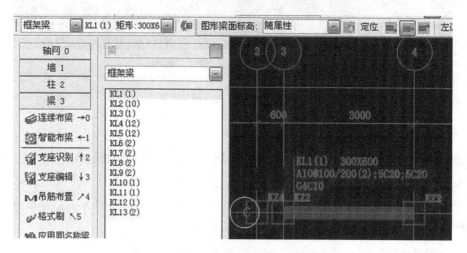

图 9 – 63　单击鼠标右键确认自动弹出梁

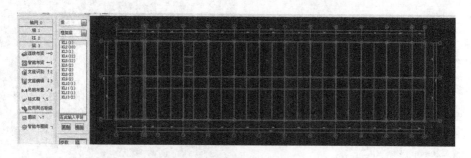

图 9 – 64　梁完成效果图

　　接着布置次梁，因为次梁的起点和终点并不全在轴线和轴线的交点上，所以需用 <Shift> 键定位。次梁 L4 的左起点相对于红色圆圈中的 5 轴线和 C 轴线的交点，X 方向往右偏移了 0mm，Y 方向往下偏移了 3550mm（图纸上 3450mm 加上 L4 断面尺寸的一半 100mm）；L4 的右终点相对于红色圆圈中的 5 轴线和 C 轴线的交点，X 方向往右偏移了 2575mm，Y 方向往下偏移了 3550mm（图纸上 3450mm 加上 L4 断面尺寸的一半 100mm）。

　　按住 <Shift> 键不放，点击 5 轴线和 C 轴线的交点，弹出对话框如图 9 - 65 所示，X 框输入 0，Y 框输入 - 3550，单击"确定"按钮，松开 <Shift> 键，再拖动鼠标，则 L4 的起点被定位了；接着按住 <Shift> 键不放，点击 5 轴线和 C 轴线的交点，X 框输入 2575，Y 框输入 - 3550，单击"确定"按钮，松开 <Shift> 键，单击鼠标右键退出命令，即可完成次梁 L4 的布置，如图 9 - 66 所示。

　　图纸中其他的梁，如果起点或终点不在轴线和轴线的交点上，都可通过 <Shift> 键来辅助定位其起点或终点。其中向左、向下偏移为负值，向右、向上偏移为正值。

图 9 - 65　相对坐标绘制

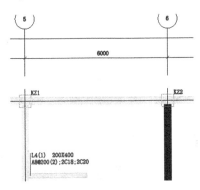

图 9 - 66　绘制完成梁

▶ 第三步，调整梁标高

　　在楼层设置中，首层构件顶标高为 4500mm，如图 9 - 67 所示。所有梁构件布置好后，其标高默认为本楼层的顶标高 4500mm。可查看构件标高，在工具栏中单击 按钮，再点击某个梁，在梁的起点和终点会显示梁的标高，如图 9 - 68 所示。

楼层设置

楼层名称	层高 (mm)	楼层性质	层数	楼地面标高 (m)	檐高 (m)	图形文件名称	备注
0	0	基础层	1	0.000	0.450	新工程_0.dw:	
1	4500	普通层	1	0.000	4.950	新工程_1.dw:	
2	3000	普通层	1	4.500	7.950	新工程_2.dw:	

图 9 - 67　楼层标高

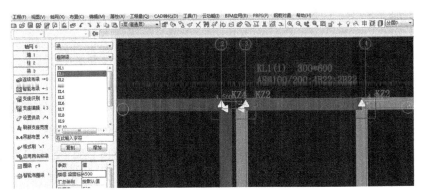

图 9 - 68　梁的标高

根据"二层梁配筋图",轴线 3 至轴线 15 的构件的梁顶标高是 4500mm,轴线 1 至轴线 2 位置的梁顶标高是 5000mm。首层所有梁构件布置好后,其标高默认为首层的顶标高 4500mm。轴线 1 至轴线 2 位置的梁,其顶标高需从 4500mm 调整为 5000mm。单击"调整构件标高"按钮，再点选需调整顶标高的梁,单击鼠标右键确认后,出现浮动对话框如图 9-69 所示。

图 9-69 高度调整

将"高度随编号一起调整"前的勾去掉,双击文字 "取层高"（上图中为楼层标高,可选择工程标高),在楼层梁面标高后输入 5000,如图 9-70 所示,单击"确定"按钮即可。其他需调整顶标高的梁,可照此方法调整。

图 9-70 调整梁面标高

▶ 第四步,支座识别

刚布置好的梁为暗红色,表示未识别支座,即处于无支座、无原位标注的状态。所以应对梁支座进行"支座识别"命令操作,从而完善梁的设置。

单击"构件布置栏"中的"识别支座"图标 ，光标由箭头变为 形状,在活动工具栏选择 图标,再到绘图区依次点击需要识别的梁,已经识别的梁变为蓝色（框架梁）或灰色（次梁）。

识别梁可一根一根地进行,梁可将框架柱、暗柱、梁及墙（包含直行墙）识别为支座。软件也可以批量识别支座,一次性将暗红色未识别的梁全部识别过来。单击"构件布置栏"中的"识别支座"图标,在活动工具栏选择 图标,此时鼠标指针会变成一个小方框,按住鼠标左键框选所有的梁,单击鼠标右键确定。识别过的梁经过移动等编辑后需要重新识别支座。使用"支座识别"命令可对识别过支座的梁重新识别,支座识别后的效果如图 9-71 所示。

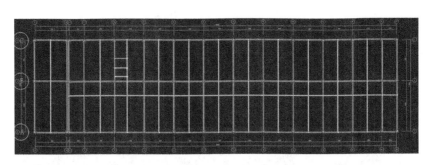

图 9-71　支座识别后的效果

▶ 第五步，对构件进行平法标注

选择图标，鼠标指针变成状态，先单击要平法标注的梁，则梁体出现一些方框，如图 9-72 所示。

图 9-72　查看梁平法标注

单击梁上部的任意一个信息框，会出现汉字提示，例如"N 跨左上部""N 跨右上部""N 跨连通配筋"，输入相对应的配筋信息即可。单击梁下部的方框，如图 9-73 所示，在"下部筋""截面""箍筋""腰筋""拉钩筋""吊筋""加腋筋""跨偏移""跨标高"各框中输入相关信息即可。对照图纸，对梁的每一跨的配筋信息都进行输入，即完成了对构件的平法标注。

图 9-73　对构件进行平法标注

▶ 第六步，偏移对齐

因为图纸上的梁的中心线与轴线并不在同一条直线上，那么就需要操作命令，将梁位置调整成与图纸相符。单击右边工具栏中的"偏移对齐"图标，此时在"实时工具栏"中显示，如果是对齐的，那么就选择前者，如果构件的边线与轴线是存在一定距离的，就选择后者。由于工程实例中梁外边线与柱的外边线是对齐的，所以选择前者。之后选择柱外边线作为基准线，如图 9-74 所示。选择梁外边线，最后单击鼠标右键退出即可完成偏移，如图 9-75 所示。其他需偏移的梁重复上述操作，布置好的梁如图 9-76所示。

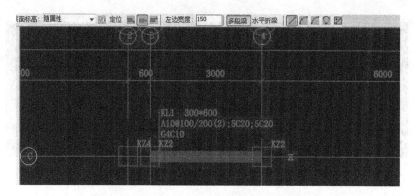

图 9 - 74 选择柱外边线作为基准线

图 9 - 75 偏移完成

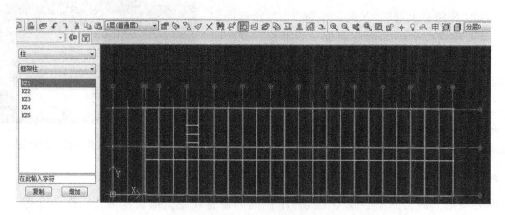

图 9 - 76 完成绘制梁预览

9.4.2 梁 CAD 转化

1. 梁 CAD 转化命令解析

提取梁：将梁边线和梁标识按图层、局部和局部图层等方式进行提取。

自动识别梁：将提取的梁属性（框架梁、次梁）按名称识别符、支座判断条件等进行识别。

自动识别梁原位标注：将提取的梁原位标注进行识别。

转化结果应用梁：将提取、识别后的梁构件通过"应用"步骤转化成软件中的梁构件。

2. 梁 CAD 转化操作步骤

下面以实例工程首层梁为例介绍 CAD 转化具体操作。

▶ 第一步，导入 CAD 图

CAD 图导入的具体操作可参照 9.2.2 "CAD 轴网转化"。

如图 9 - 77 所示，新导入的首层梁平面图和已经转化结果应用的轴线不在同一个位置，需要将两个图重合在一起。单击工具栏中的"图层控制"图标 💡，将"构件显示控制"复选框的勾去掉，只打开 CAD 图层；如图 9 - 78 所示，框选导入的 CAD 图，单击右侧工具栏中的"带基点移动"图标 ✛；点选 A 轴线和 1 轴线的交点，如图 9 - 79 所示，接着选中"构件显示控制"复选框；如图 9 - 80 所示，在已经转化好的轴线上点选 A 轴线和 1 轴线的交点，则新导入的首层梁平面图和已经转化好的轴图重合在一起。

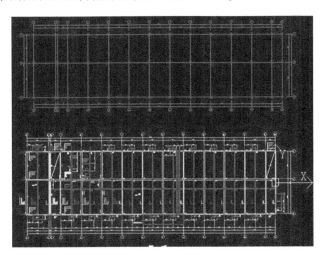

图 9 - 77　CAD 图纸导入软件

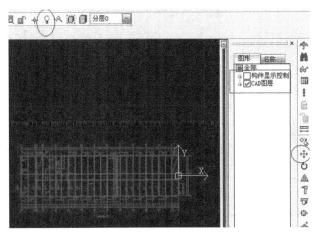

图 9 - 78　图层管理器

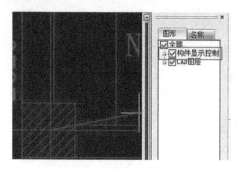

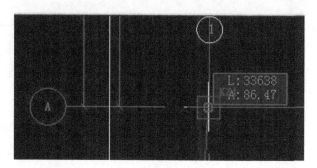

图9-79 构件显示控制关掉   图9-80 移动CAD图纸

注意：带基点移动时，可选中任意一个轴线与轴线的交点；选择交点时需将图形放大，准确选中，否则会造成转化后的构件错开的现象。

▶ 第二步，提取梁

单击"转化梁"下的"提取梁"选项，弹出的对话框如图9-81所示，单击"提取梁边线"框下的"提取"按钮，点击图形中梁的边线，梁边线颜色改变，如图9-82所示，单击鼠标右键，又回到如图9-81所示的对话框；单击"提取梁集中标注"框下的"提取"按钮，将梁集中标注的所有内容都选中，梁集中标注的颜色改变，如图9-83所示，单击鼠标右键，又回到如图9-81所示的对话框；单击"提取梁原位标注"下的"提取"按钮，将梁原位标注的所有内容都选中，梁原位标注的颜色改变，单击鼠标右键，又回到如图9-81所示的对话框，单击"确定"按钮即可完成梁的提取。

图9-81 转化梁

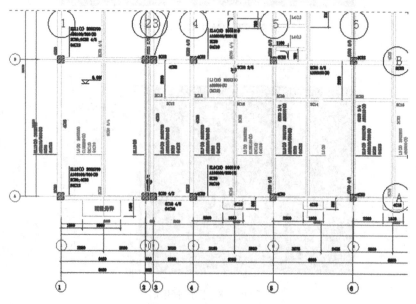

图9-82 提取梁边线

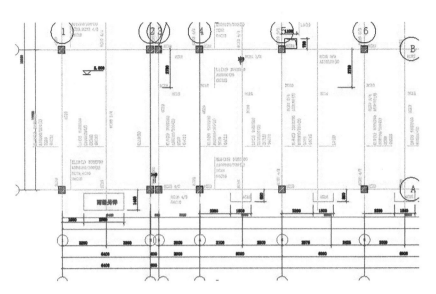

图 9-83　提取梁的集中标注

注意：

① 有时梁的边线不在同一个图层上，也就是说点选一次某个梁的外边线并不能选中所有的梁，需多次点选，梁所有的边线都要提取到。例如本例中轴线 1 和轴线 2 中间的一根纵向次梁的边线和其他框架梁的边线不在同一图层上，需单独点选。

② 梁集中标注包括梁名称与配筋信息、引出线，在提取梁集中标注时，需逐个都选中。所有梁的集中标注有时不能一次性全部选中，例如本例中横向框架梁、纵向框架梁、次梁不在同一图层上，需分别点选。

③ 在提取梁集中标注时，梁的原位标注、其他的线条或某些汉字有可能会被提取到，这些不会影响提取效果。

④ 如果在提取梁集中标注时，原位标注也被提取了，则不需再做提取梁原位标注了，直接在图 9-81 所示对话框中单击"确定"按钮即可。

▶ **第三步，自动识别梁**

如图 9-84 所示，单击"转化梁"下的"自动识别梁"选项，在弹出的"加载集中标注"对话框中，选中"显示全部集中标注"，则所有的梁都有显示，包括框架梁"KL"和次梁"L"，如图 9-85 所示。依次分别选中"显示没有断面的集中标注"和"显示没有配筋的集中标注"项后，如果图 9-86 和图 9-87 所示内容为空，则表示所有 CAD 图中的梁都被识别了，单击"下一步"按钮，进入如图 9-88 所示的对话框。对照图 9-85 中的梁名称，在"楼层框架梁"文本框中输入"KL"，在"次梁"文本

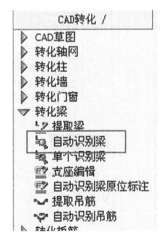

图 9-84　自动识别梁

框中输入"L"，选择"以已有的墙、柱构件判断支座"单选按钮，梁宽识别选择"按标

注",梁边线到支座的最大距离输入"500",单击"确定"按钮即可完成梁的自动识别。

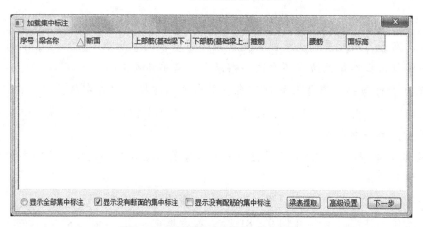

序号	梁名称 △	断面	上部筋(基础梁下...	下部筋(基础梁上...	箍筋	腰筋	面标高
1	KL1(1)	300X600	5C20	5C20	A10@100/200(2)	G4C10	
2	KL2(10)	300X600	2C20		A10@100/200(2)	G4C10	
3	KL3(1)	300X600	5C20	5C20	A8@100/200(2)	G4C10	
4	KL4(12)	300X600	2C20		A10@100/200(2)	G4C10	
5	KL5(12)	300X600	2C20		A10@100/200(2)	N4C10	
6	KL6(2)	300X700	2C20		A8@100/200(2)	G4C12	
7	KL7(2)	300X700	2C20		A8@100/200(2)	G4C12	
8	KL8(2)	300X700	2C20		A8@100/200(2)	G4C12	
9	KL9(2)	300X700	2C20		A8@100/200(2)	G4C12	
10	KL10(1)	300X700	2C20	3C20	A10@100/200(2)	G4C12	
11	KL11(1)	300X700	3C20	9C22 4/5	A8@100/200(2)	G4C12	
12	KL12(1)	300X700	2C20	4C20	A10@100/200(2)	N4C12	

◉ 显示全部集中标注　☐ 显示没有断面的集中标注　☐ 显示没有配筋的集中标注　　梁表提取　高级设置　下一步

图9-85　显示全部集中标注

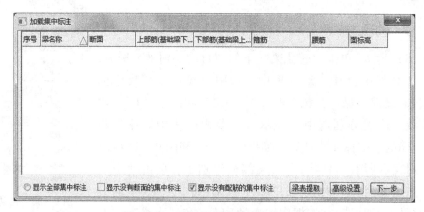

图9-86　显示没有断面的集中标注

图9-87　显示没有配筋的集中标注

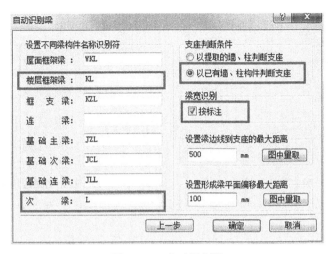

图 9 - 88　自动识别梁

注意：

① 需完成了柱的 CAD 转化后再做梁的 CAD 转化，这样梁才能找到支座。本例中没有剪力墙，只有柱，并且柱已做过 "转化结果应用"，则可以选择以已有墙、柱为支座。

② 梁边线到支座的最大距离，可理解为图中所有柱断面尺寸的最大值。本例中柱的断面尺寸都是 500 × 500，所以输入 "500"。

▶ **第四步，自动识别梁原位标注**

如图 9 - 89 所示，单击 "转化梁" 下的 "自动识别梁原位标注" 选项，弹出对话框如图 9 - 90 所示，单击 "确定" 按钮即可完成自动识别梁原位标注。

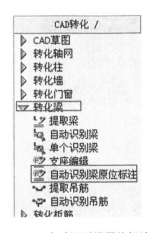

图 9 - 89　自动识别梁原位标注图　　　　图 9 - 90　完成梁原位标注识别

▶ **第五步，转化结果应用**

单击 "CAD 转化" 下的 "转化结果应用" 选项，弹出的对话框如图 9 - 91 所示，勾选 "梁" 构件，勾选 "删除已有构件" 项，单击 "确定" 按钮，弹出的对话框如图 9 - 92 所示，单击 "确定" 按钮即可完成转化结果应用。

图 9 - 91 转化应用图 　　　　图 9 - 92 转化结果应用完成

注意：选择"删除已有构件"项后，无论之前软件中本楼层有没有布置过梁，都会被清除，只保留本次转化的梁。

▶ 第六步，图层显示控制

单击如图 9 - 93 所示的"图层控制"灯泡，取消选中"CAD 图层"复选框，选中"构件显示控制"复选框，则软件中只显示已经转化好的构件。双击图 9 - 94 所示的白色区域，打开"构件属性定义"对话框，如图 9 - 95 所示。KL 是软件默认自带的框架梁，可直接删除掉，可查看转化结果应用后的框架梁的断面信息和配筋信息，同样也可查看次梁的信息。

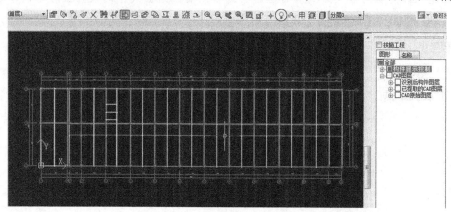

图 9 - 93 　图层控制

图 9 - 94 　属性栏

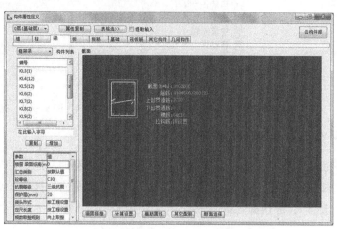

图 9 - 95 　梁构件属性定义

▶ **第七步，其他楼层的梁 CAD 转化**

各楼层梁的 CAD 转化与首层梁大致相同。

注意：

①0 层的梁在进行 CAD 转化时，要在基础主梁、基础次梁、基础连梁里输入具体的梁的名称，例如 DKL、DL、LL 等。

②屋面层梁在进行 CAD 转化时，要在屋面框架梁里输入具体的梁的名称，例如 WKL 等。

思考与练习

（1）在没有轴交点辅助的情况下，如何对梁进行准确定位？

（2）如何按工程要求调整构件的标高？

（3）若工程要求中，梁原位标注存在与集中标注不一样的配筋，如何处理？

9.5　绘制板和板筋（含 CAD 转化板筋）

9.5.1　板和板筋手工建模

要准确地完成板的设置，需要做两部分的工作，首先通过识图，获取板的厚度尺寸、混凝土等级等信息；然后将所了解的信息通过板属性定义，布置到图形界面上，进行相关操作。

1. 板和板筋命令解析

快速成板：可按墙梁、梁和墙轴线组成的封闭区域生成板。

自由绘板：任意绘制板的形状。

智能布板：按所选的封闭区域进行多形式智能生成板。

布受力筋：将受力筋按不同布置方式进行布置。

布支座筋：将支座筋按不同布置方式进行布置。

2. 板和板筋属性定义操作步骤

▶ **第一步，板的属性定义**

双击软件界面构件属性栏，进入"构件属性定义"界面，如图 9 - 96、图 9 - 97 所示。根据"二层板配筋图"可知，未标明的板厚为 100mm，板中未注明分布钢筋按照图纸录入。

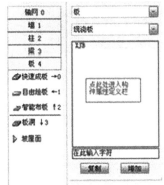

图 9 - 96　板的属性栏

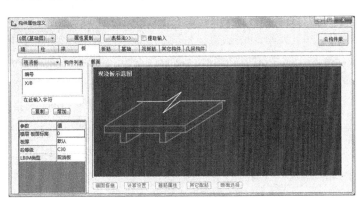

图 9 - 97　板的构件属性定义

双击图9-97中参数值中板厚的"默认",修改为100。在板编号上单击鼠标右键,可对构件进行重命名,将其名称改为B1,如图9-98所示。定义好B1后,如果还有其他板的定义,直接单击"构件属性定义"界面中的"增加"按钮,便可以继续对板进行定义,之后关闭此界面即可。

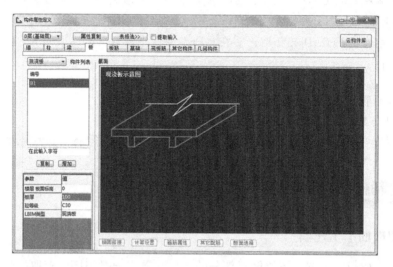

图9-98　板的编辑

▶ 第二步,板筋属性定义

双击软件界面左边构件属性栏,进入"构件属性定义"界面,标签中选择对应的板筋,如图9-99、图9-100所示。

图9-99　板筋的属性栏　　　　图9-100　板筋的构件属性定义

1)底筋属性定义。根据"首层板结构平面图"中1~2/B~C范围的板配筋信息进行定义,如图9-101所示,之后关闭构件属性定义对话框即可。

注意:板筋的名称可自己定义,要便于识别,并不影响钢筋重量的计算结果。

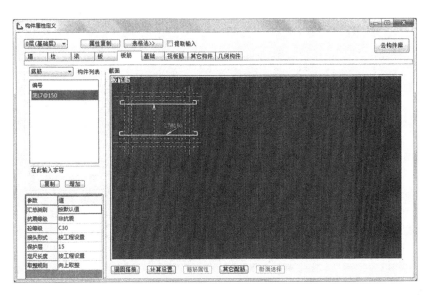

图 9 – 101 底筋构件属性定义

2) 面筋属性定义。采用以上所说的板为例，此块板的 X 方向面筋是 L9@ 150、Y 方向面筋是 L7@ 150。将图 9 – 101 小类 "底筋" 改为 "负筋"，如图 9 – 102 所示，单击编号中的 FJ，单击鼠标右键将其名称改为 "面 L9@ 150"，在图示区域将板的默认配筋 0 改为 L9@ 150。定义好面筋 L9@ 150 后，需接着定义面筋 L7@ 150，直接单击 "构件属性定义" 界面中的 "增加" 按钮，便可以继续对面筋 L7@ 150 进行定义，如图 9 – 103 所示，这样即完成了面筋的属性定义。之后关闭 "构件属性定义" 对话框即可。

注意：板面筋用负筋表示。板筋的名称可自己定义，要便于识别，并不影响钢筋重量的计算结果。

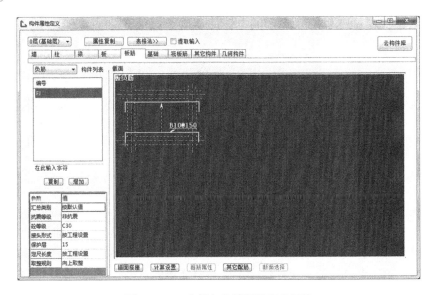

图 9 – 102 底筋与负筋属性定义切换

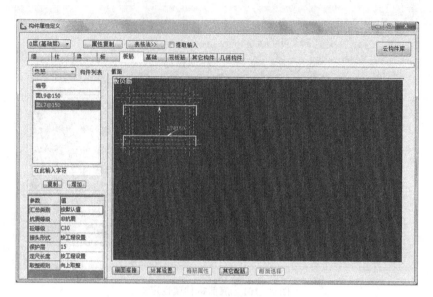

图 9 - 103　修改负筋名称

3）支座钢筋属性定义。以"首层板结构平面图"中 14～15/A～B 范围的板为例，将图 9 - 102中小类"负筋"改为"支座钢筋"，如图 9 - 104 所示。

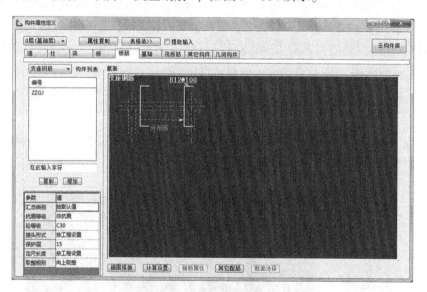

图 9 - 104　钢筋构件属性定义

单击编号中的 ZZGJ，单击鼠标右键将其名称改为"支 L7@ 150"，在图示区域将板的默认配筋 B12@ 100 改为 L7@ 150。需接着定义其他支座钢筋，直接单击"构件属性定义"界面中的"增加"按钮，继续对其他支座钢筋进行定义，如图 9 - 105 所示，这样即完成了一个支座钢筋的属性定义。之后关闭"构件属性定义"对话框即可。

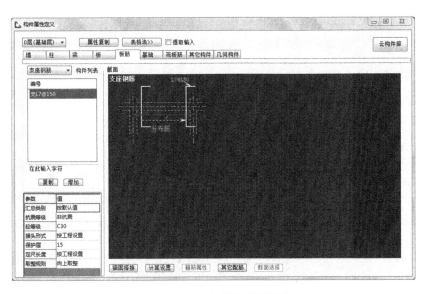

图 9 – 105　支座钢筋构件属性定义

4）跨板负筋的属性定义。以"首层板结构平面图"中 14 ~ 15/A ~ B 范围的板为例，将图 9 – 105 中"支座钢筋"改为"跨板负筋"如图 9 – 106 所示。

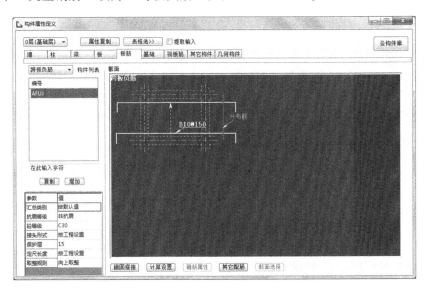

图 9 – 106　跨板负筋构件属性定义

单击编号中的 AFUJ，单击鼠标右键将其名称改为"跨 L7@ 150"，在图示区域将板的默认配筋 B10@ 150 改为 L7@ 150。需接着定义其他跨板负筋，直接单击"构件属性定义"界面中的"增加"按钮，继续对其他跨板负筋进行定义，如图 9 – 107 所示，这样即完成了一个跨板负筋的属性定义。之后关闭"构件属性定义"对话框即可。

▶ 第三步，板的布置

根据本工程的实际情况，按梁轴线封闭区域快速形成板。

1）在"属性定义栏"中选择"现浇板"及相应板的名称，单击"构件布置栏"中的"板"按钮，选择"快速成板"图标，在弹出的对话框（图 9 - 108）中有三种选择，选择"按梁中线生成"单选按钮，则以所有梁的中心线为边界生成板。如果有多余不需要的板生成，则选择这个板，单击软件界面上边工具栏"构件删除"图标 X 将其删除即可。

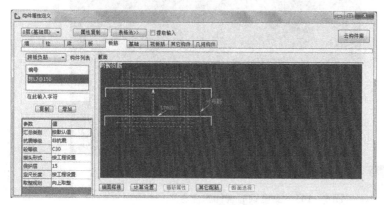

图 9 - 107　完成跨板负筋属性定义　　　　　图 9 - 108　自动成板

2）除了通过软件自动读取图形形成的封闭区域进行板布置，还可用"自由绘板"方式进行手动绘制板。在"属性定义栏"中选择"现浇板"及相应板的名称，单击"构件布置栏"中的"板"按钮，选择"自由绘板"图标，在工具栏中有三种选择 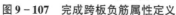，选择"矩形板"选项，移动光标到板范围的一个角点（墙梁交点），鼠标指针变为██形状，点击一下板范围的角点（墙梁交点），拖动鼠标到板的对角点，鼠标指针变为██形状，点击一下即布置好一块板。其他板照此方法布置即可。

以上是两种布置板的方式，同时也可用"智能布板"方式进行布置。

3）在"属性定义栏"中选择"现浇板"及相应板的名称，单击"构件布置栏"中的"板"按钮，选择"智能布板"图标，在工具栏中有三种选择 点击 框选 轴网，选择"点击"选项，单击一下梁和梁所围成的黑色区域即可布置好一块板。其他板照此方法布置即可。

▶ 第四步，板筋的布置

1）底筋的布置。先布置板的 X 方向底筋"底 L7@ 150"。如图 9 - 109 所示，单击"布受力筋"，切换至"底筋"，选择底筋名称"底 L7@ 150"，在实时工具栏中选择"单板布置"，并选择"横向布置"，再点击一下板，单击鼠标右键退出，即可布置好这块板的 X 方向底筋，如图 9 - 110 所示。

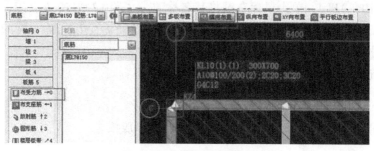

图 9 - 109　底筋单板选择

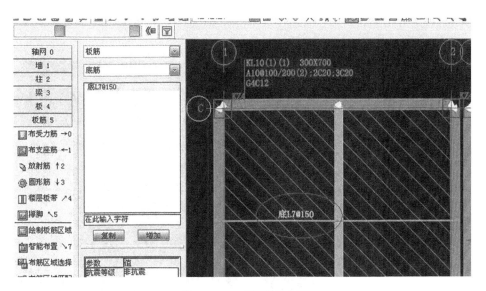

图 9 - 110　底筋横向布置

接着布置板的 Y 方向底筋"底 L7@150"。单击"布受力筋",切换至"底筋",选择底筋名称"底 L7@150",在实时工具栏中选择"单板布置",并选择"纵向布置",再点击一下板,单击鼠标右键退出,即可布置好这块板的 Y 方向底筋,如图 9 - 111 所示。其他板的底筋可照上述方法依次布置。

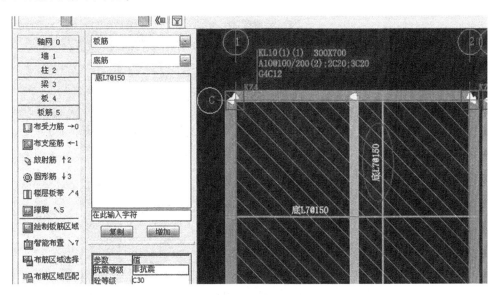

图 9 - 111　底筋纵向布置

2）面筋的布置。先布置板的 X 方向面筋"面 L9@150"。如图 9 - 112 所示,单击"布受力筋",切换至"负筋",在实时工具栏中选择面筋名称"面 L9@150",选择"横向布置",再点击一下板,单击鼠标右键退出,即可布置好这块板的 X 方向面筋,如图 9 - 113所示。

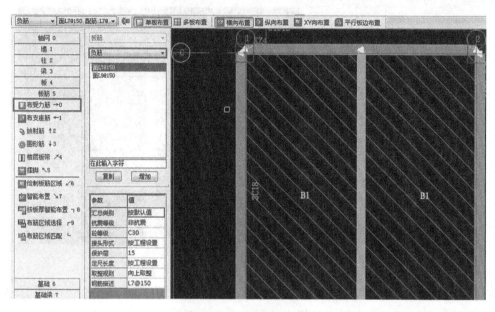

图 9 - 112　面筋单板选择

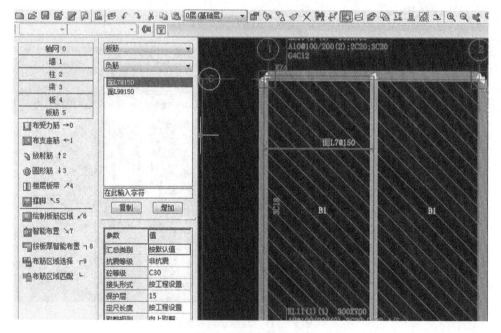

图 9 - 113　负筋横向布置

　　然后绘制板的 Y 方向面筋"面 L7@ 150"。单击"布受力筋",切换至"负筋",选择面筋名称"面 L7@ 150",选择"纵向布置",再点击一下板,单击鼠标右键退出,即可布置好这块板的 Y 方向面筋,如图 9 - 114 所示。其他板的面筋可照上述方法依次布置。

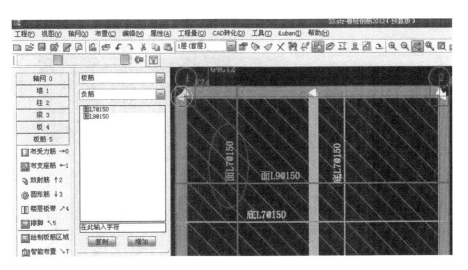

图 9 - 114　负筋纵向布置

3）支座钢筋的布置。根据本工程的支座钢筋的范围，布置一个左右标注都是 750 的支座钢筋"支 L7@150"。单击"布支座筋"，选择支座钢筋名称"支 L7@150"，在实时工具栏"左支座"框中输入 750，"右支座"框中输入 750，单击"画线布置"按钮，将光标移到此支座负筋布筋区域的起点，光标变成粉红色 X 号，单击此起点，如图 9 - 115 所示，接着单击此支座负筋布筋区域的终点，如图 9 - 116 所示，单击鼠标右键退出，即可布置好此支座钢筋，如图 9 - 117 所示。

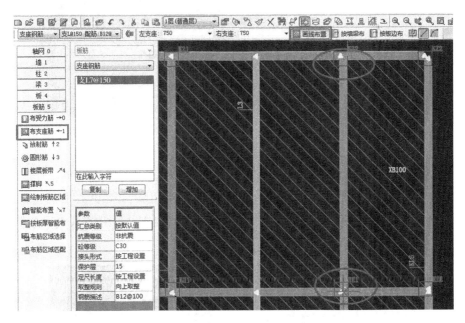

图 9 - 115　单击支座钢筋布筋区域的起点

　　注意：支座负筋的左右标注并无明确区分，一侧为左，另一侧则为右。支座负筋布筋区域的起点和终点在板支座的中心线上，且起点和终点并无明确区分，一端为起点，另一端即为终点。

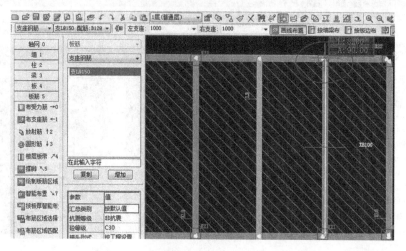

图 9 - 116　单击支座钢筋布筋区域的终点

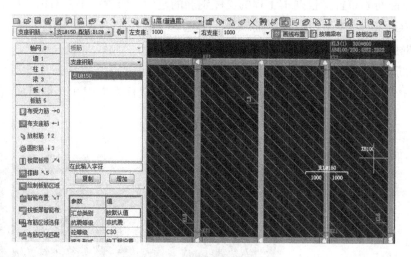

图 9 - 117　支座钢筋绘制完成

　　布置好支座钢筋后，如需修改其左标注和右标注，可先选中此支座钢筋，如图 9 - 118 所示。单击左标注数字，出现一个对话框，在此对话框中可输入要更改成的标注尺寸，按 <Enter> 键可切换修改左右标注的长度，将光标移到此支座钢筋以外的其他任意位置单击即可退出命令。

图 9 - 118　修改支座钢筋左右标注的长度

接着画一个左标注为 750、右标注为 0 的支座钢筋"支 L7@ 150"。单击"布支座筋"，选择支座钢筋名称"支 L7@ 150"，在工具栏"左支座"框中输入 750，"右支座"框中输入 0，单击"画线布置"按钮，将光标移到此支座负筋布筋区域的起点，光标变成粉红色 X 号，单击此起点，接着单击此支座负筋布筋区域的终点，单击鼠标右键退出，即可布置好此支座钢筋，如图 9 - 119 所示。

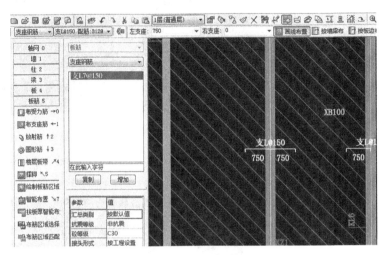

图 9 - 119　绘制支座钢筋完成

支座钢筋的左右标注有时是不一样的，如果在单击其起点和终点后，其左右标注是相反的，可单击右侧工具栏中的"端部调整"图标，再单击此支座钢筋，即可切换其左右标注的显示。其他的板支座钢筋可照上述方法依次布置。

4）跨板负筋的布置。如图 9 - 120 所示，单击"布受力筋"，切换至"跨板负筋"，选择跨板负筋名称"跨 L7@ 150"，单击"单板布置"按钮，因为此跨板负筋是水平方向的，所以选择"横向布置"，将光标移到要布置跨板负筋的板上并单击，如图 9 - 121 所示。如与图纸情况不符合，则需修改其左标注和右标注。选中此跨板负筋，单击右标注数字，出现一个对话框，在此对话框里输入要更改的标注尺寸 0，将光标移到此支座钢筋以外的其他任意位置单击即可退出。这样即可完成此跨板负筋的布置，如图 9 - 122 所示。

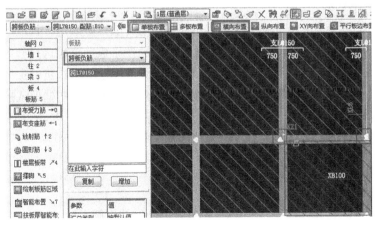

图 9 - 120　单板布置跨板负筋

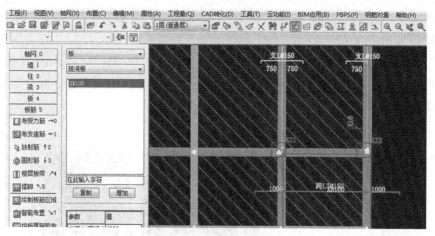

图9-121　横向布置跨板负筋

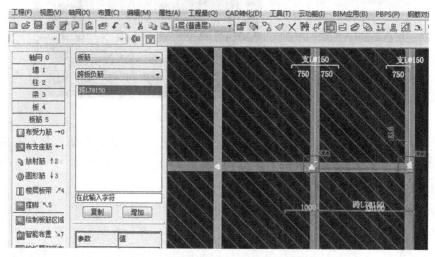

图9-122　修改跨板负筋长度

9.5.2　板筋CAD转化

1. CAD板筋转化命令解析

提取支座：在没有墙梁构件的情况下，对板筋图上的墙梁图层进行提取。

自动识别支座：对板筋图上的墙梁图层进行识别，便于板筋支座选择和读取。

提取板筋：对板筋线和板筋标注按图层、局部和局部图层等方式进行提取。

自动识别板筋：将提取的板筋图层按支座判断条件和板筋端部弯钩方式进行识别。

转化结果应用板筋：将提取、识别后的板筋通过"转化结果应用"步骤转化成软件中的板筋。

布筋区域选择：板筋转化的最后一个步骤，将"转化结果应用板筋"后的板筋转化成真正的板筋构件。

2. CAD板筋转化步骤

下面以本工程首层板筋为例进行CAD转化具体操作的讲解。

▶ 第一步，导入 CAD 图

CAD 图导入的具体操作可参照 9.2.2 "CAD 轴网转化"。

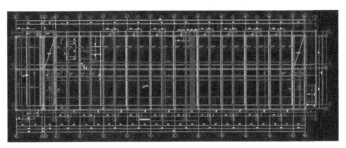

图 9-123 导入 CAD 图纸

▶ 第二步，带基点移动

如图 9-123 所示，新导入的首层板筋平面图和已经转化结果应用的轴线不在同一个位置，用"带基点移动"图标 ✛ 将两个图重合在一起，如图 9-124 所示。

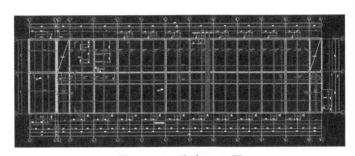

图 9-124 移动 CAD 图

▶ 第三步，提取支座

如图 9-125 所示，单击"转化板筋"下的"提取支座"选项，弹出对话框如图 9-126 所示。单击"提取支座线"框下的"提取"按钮，如图 9-127 所示，图中所有柱、墙、梁的边线都要提取到，单击鼠标右键退出，在弹出的"提取支座"对话框内单击"确定"按钮即可。

注意：有时柱、梁、墙的边线不在同一个图层上，需多次点选，将所有的柱、墙、梁的边线都要提取到。

图 9-125 提取支座

图 9-126 提取支座线

图 9-127 提取完成

▶ 第四步，自动识别支座

如图9-128所示，单击"转化板筋"下的"自动识别支座"选项，弹出对话框如图9-129所示，单击"确定"按钮即可。

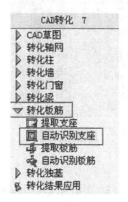

图9-128 自动识别支座1

图9-129 自动识别支座2

▶ 第五步，提取板筋

如图9-130所示，单击"转化板筋"下的"提取板筋"选项，弹出"提取板筋"对话框，单击"提取板筋线"框下的"提取"按钮，如图9-131所示，单击选中所有的板筋线，单击鼠标右键退回到"提取板筋"对话框。单击"提取板筋名称及标注"框下的"提取"按钮，单击选中所有的板筋名称和标注，单击鼠标右键退回到"提取板筋"对话框，单击"确定"按钮。

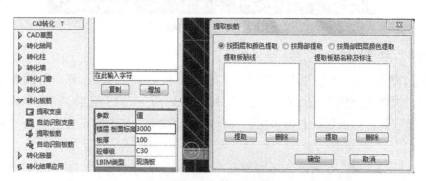

图9-130 提取板筋

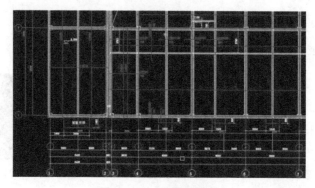

图9-131 提取板筋线

注意：

① 在提取板筋线时，板筋名称和标注有时也会被一起提取到，这样是不会影响提取效果的。

② 在提取板筋线时，如果板筋名称和标注被一起提取了，则不需再做"板筋名称和标注"了。

▶ 第六步，自动识别板筋

如图 9 - 132 所示，单击"转化板筋"下的"自动识别板筋"选项，弹出对话框如图 9 - 133 所示。此时，可以看到在支座判断条件中有"以提取的支座线判断支座"以及"以已有墙、梁构件判断支座"，如果在转化板筋时没有做下部的墙、梁构件的话，可以选择"以提取的支座线判断"，而我们已经对墙、梁进行了转化并生成了实体构件，则可以选择"以已有墙、梁构件判断支座"，然后根据图纸中绘制的板筋端部样式，将底筋端部弯钩设成"端部 180 度弯钩"，单击"确定"按钮。

图 9 - 132　自动识别板筋

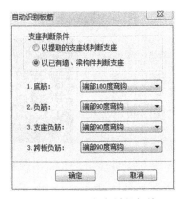

图 9 - 133　支座判断条件

▶ 第七步，转化结果应用

如图 9 - 134 所示，单击"CAD 转化"下的"转化结果应用"选项，在弹出的"转化应用"对话框内选择"板筋"，勾选"删除已有构件"项，单击"确定"按钮，弹出的对话框如图 9 - 135 所示，单击"确定"按钮即可。

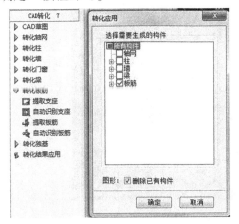

图 9 - 134　转化结果应用

如图 9 - 136 所示，单击构件显示控制的灯泡，取消选中"CAD 图层"，勾选"构件显示控制"，则显示出转化好的板筋。

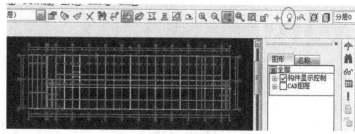

图 9 - 135　转化结果应用完成　　　　　　图 9 - 136　图层管理器

▶ 第八步，布筋区域选择

转化结果应用后的板筋，还需要进行"布筋区域选择"操作。

如图 9 - 136 所示，图形中只有转化后的板筋，并没有绘制板，所以需在转化板筋后，通过"快速成板"或其他布板方式把板布置上，布置完成后如图 9 - 137 所示。

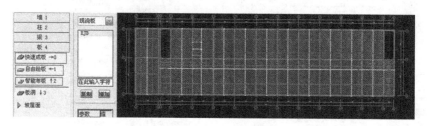

图 9 - 137　快速成板

1）面筋的"布筋区域选择"。首先对面筋进行布筋区域选择，如图 9 - 138 所示，单击"布筋区域选择"选项，选中面筋 F1，因为这个面筋是分布在轴线 1 和轴线 2 之间的两个板上的，如图 9 - 139 所示。先单击一块板，如图 9 - 140 所示，再单击另一块板，在板上单击鼠标右键，则此面筋的布筋区域选择就完成了，颜色变成蓝色，如图 9 - 141 所示。

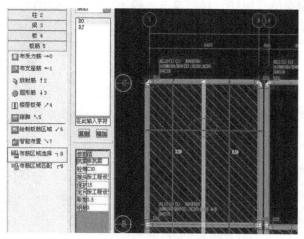
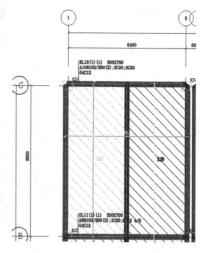

图 9 - 138　布筋区域选择　　　　　图 9 - 139　面筋 F1 左侧板选择

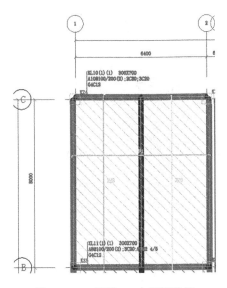

图 9-140　面筋 F1 右侧板选择

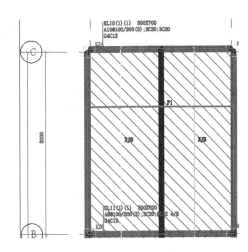

图 9-141　布筋区域选择完成

2）底筋的"布筋区域选择"。与面筋的"布筋区域选择"操作方法相同，需对图形中所有的底筋和面筋都做"布筋区域选择"。

3）跨板负筋的"布筋区域选择"。与底筋操作方法不同之处是："布筋区域选择"后，左右标注的具体尺寸如不正确需调整。

注意： 一个面筋或底筋有时会布置在不止一块板上，分别单击各块板后，在板上单击鼠标右键，即可完成对此钢筋的"布筋区域选择"。

4）支座负筋的"布筋区域选择"。如图 9-142 所示，单击"布筋区域选择"选项，选择支座负筋，如图 9-143 所示，鼠标指针移到此支座负筋布筋范围的起点（轴线 B 和轴线 14 的交点），光标变成红色方框后单击，再移到此支座负筋布筋范围的终点，如图 9-144 所示，变成红色方框后单击，即可完成此支座负筋的布筋区域选择。

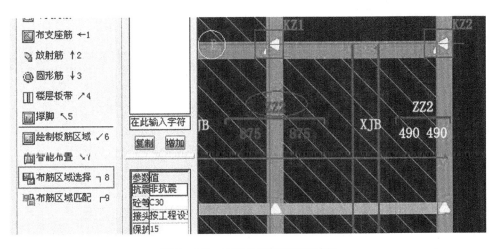

图 9-142　支座负筋布筋区域选择

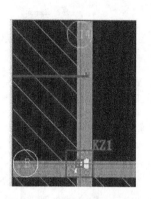

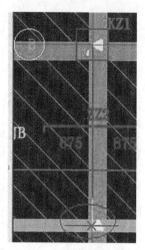

图9-143 选择支座负筋   图9-144 选择布筋范围

两侧都有标注的支座负筋与单侧有标注的支座负筋的"布筋区域选择"操作方法相同。需对图形中所有的支座负筋都做"布筋区域选择"。

思考与练习

（1）"受力筋"包括哪几种筋？

（2）支座钢筋或跨板负筋如何上下左右对调？

（3）支座钢筋或跨板负筋如何修改伸出长度？

（4）进行二层板和屋面板及板筋的建模。

9.6 二层工程量计算（可用CAD转化）

通过对图纸进行分析，可知二层的构件有柱、梁、板等。在操作过程中，二层的大类构件与首层大类构件操作步骤一致，软件可对已布置好的构件进行楼层复制，进行共享，大大提高了建模效率。

1. 柱

在工程案例中可以看出，上下层的柱截面尺寸、配筋属性基本相同，可对已布置好的柱构件操作"楼层间图元构件复制"命令，不同的截面尺寸、配筋属性直接进入"构件属性定义"界面中进行修改即可，具体操作如下。

左键单击"楼层间图元构件复制"图标 ✍，弹出对话框如图9-145所示，源楼层选择1层，目标层选择2层，构件选择柱，单击"确定"即可将1层所有的柱复制到2层。

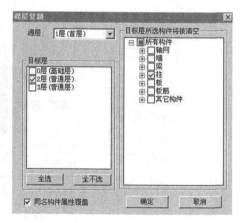

图9-145 楼层复制

2. 梁

二层梁的属性定义与画法和首层相同，具体操作步骤可参照 9.4 "绘制梁构件"。

3. 板

二层板、板筋的属性定义与画法和首层相同，具体操作步骤可参照 9.5 "绘制板和板筋"。

9.7　顶层工程量计算

顶层大类构件与首层、普通层的操作步骤（构件属性定义、构件布置）基本一致，不同的是，顶层柱有中柱、边柱、角柱的区分，屋面梁有柱包梁、梁包柱的构造，屋面板筋存在阴阳角构造处理等。以下介绍顶层的具体操作。

1. 柱

屋面层柱的属性定义与画法和首层柱相同。本工程案例中，顶层有一部分柱构件不是按照规范箍筋加密设置的，而是全程加密，那么需要单独对这些具有特殊要求的柱构件进行私有属性设置，调整与工程要求一致。之后对布置好的柱构件做"边角柱识别"，做过边角柱识别的顶层柱会自动判断角柱、边柱，具体操作如下。

▶ **第一步，楼层构件复制**

通过"楼层间图元构件复制"命令将普通层柱复制到顶层，如图 9 - 145 所示，选择好源楼层、目标层和复制的构件即可。

▶ **第二步，边角柱识别**

单击软件界面左边的"构件布置栏"，选择大类"柱"中的"边角柱识别"命令，软件则自动将布置好的柱进行识别，如图 9 - 146、图 9 - 147 所示。

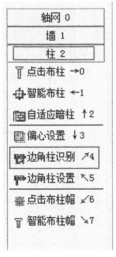

图 9 - 146　边角柱识别

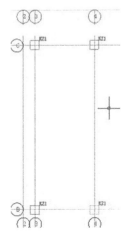

图 9 - 147　图形边角柱

2. 梁

在工程案例中要准确地获取梁属性，并通过属性定义及布置等步骤绘制到图形界面上，具体操作可参照9.4 "绘制梁构件"，屋面梁与其他楼层不同之处是梁柱位置的处理构造。具体操作如下。

▶ 第一步，梁属性定义

可参照9.4节中 "梁"的属性定义，不同之处是，需将属性定义中的 "框架梁类型"改成 "屋面框架梁"，如图9-148所示。

▶ 第二步，梁柱构造处理

在 "构件属性定义"界面中，进入梁的 "计算设置"，将 "屋面梁，外端支座上部纵筋弯折伸出梁底长度"默认的参数值改成实际要求的参数即可，如图9-149所示。本工程案例中，并未作特殊要求，所以按照图集规范无需修改。

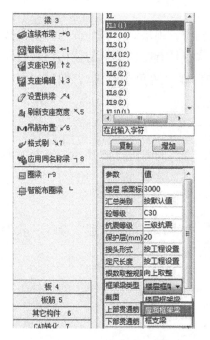

图9-148 框架梁类型

图9-149 屋面梁端部设置

3. 板

屋面层中的板、板筋的属性定义和布置可参照9.5 "绘制板和板筋"。与其他楼层的板不同之处是，若屋面板是坡屋面，那么就会存在阴阳角构造处理。具体操作如下。

阴阳角处理：在 "构件属性定义"界面中，进入底筋 "计算设置"，将 "斜板计算节点—阴、阳角，有、无支座"的参数值，设置为与工程要求一致的构造即可，如图9-150所示。面筋阴阳角构造处理也是如此。本工程案例中，并未作特殊要求，所以按照图集规范无需修改。

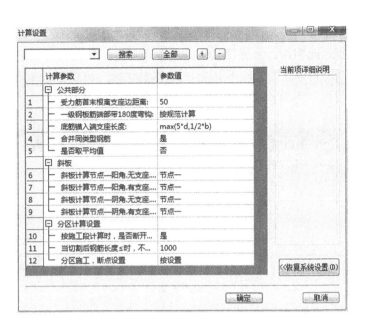

图 9 - 150　板筋阴、阳角节点设置

9.8　基础层工程量计算

地上构件布置好之后，接着就是基础构件的布置。一般来说，首层的柱墙等竖向构件的根是在基础中，即基础层和首层的柱墙构件截面尺寸、配筋信息相同。在建模方面，可将首层已布置好的柱墙构件进行楼层复制，共享到基础层，这样则避免了重复布置，大大提高了建模效率。

9.8.1　基础层柱建模

在工程案例中可以看出，基础层和首层的柱构件截面尺寸、配筋属性相同，可对已布置好的柱构件操作"楼层间图元构件复制"命令复制到基础层即可。具体操作如下。

▶ 第一步，楼层构件复制

使用 "楼层间图元构件复制"命令将首层柱复制至 0 层，如图 9 - 151 所示。

▶ 第二步，调整构件底标高

单击"对构件底标高自动调整"图标 ，弹出对话框如图 9 - 152 所示，单击"构件选择"按钮，此时光标变成 形状，然后点击任意一个柱构件，接着框选全部图形，单击鼠标右键，则出现图 9 - 153 所示对话框，提示"当前已选取 45 个

图 9 - 151　楼层间图元构件复制

构件"。在图9-153中单击"应用"和"确定"按钮即可。用此命令调整成功后的柱构件，会以蓝色的柱边线提示此构件已经进行过标高调整。

注意：操作此步骤的前提是，柱下要先布置基础构件。本工程案例，先将基础梁和条形基础布置好后，再操作"对构件底标高自动调整"命令。

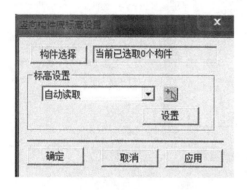

图9-152　对构件底标高自动调整

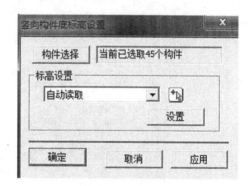

图9-153　柱构件底标高已选中

9.8.2　基础梁（含CAD转化）

1. 手工布置基础梁

基础梁一般用于框架结构、框架剪力墙结构，框架柱落于基础梁上或基础梁交叉点上，其主要作用是作为上部建筑的支座，将上部荷载传递到基础上。其操作步骤与梁类似，掌握了楼层梁的定义和布置，也就等于掌握了基础梁的定义和布置。

（1）基础梁构件命令解析

梁属性定义：将基础梁的基本截面配筋信息按照要求进行完整定义。

连续布梁：基础梁为线性构件，将定义好的梁在绘图区中进行连续布置。

调整构件标高：图形法中，可对布置好的构件，例如柱、墙、梁、板筋、基础梁等构件按照工程要求进行相应标高调整。

支座识别：将布置好的基础梁构件进行支座识别。

平法标注：图形法中，可对布置好的构件，例如柱、墙、梁、板筋、基础梁等构件进行平法标注。

偏移对齐：可以将布置好的构件相对其他构件进行边对齐或是让边与边之间存在一定水平距离。

（2）基础梁属性定义和布置操作步骤

参考基础平面图，定义基础梁的属性，具体操作步骤如下。

▶ 第一步，基础梁属性定义

1）双击软件界面"构件属性栏"，进入"构件属性定义"界面，如图9-154、图9-155所示。

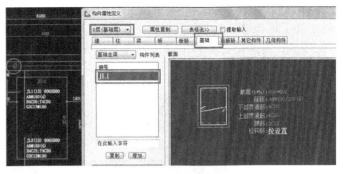

图 9 - 154　基础梁的属性栏　　　　　　　图 9 - 155　基础主梁构件属性定义

2）根据"基础平面图"的基础梁配筋信息，可定义基础梁的配筋。进入"构件属性定义"对话框，先定义基础主梁，切换到"基础主梁"，在梁编号上单击鼠标右键，可对构件进行重命名，将其名称改为 JL1。需编辑的内容包括"截面""箍筋""上部贯通筋""下部贯通筋""腰筋"和"拉钩筋"。定义好 JL1 配筋后，显示如图 9 - 156 所示。定义好 JL1 后，接着就是 JL2、JL3 等基础梁的定义，直接单击"构件属性定义"界面中的"增加"按钮，便可以继续对其他基础梁进行定义，之后关闭此对话框即可，如图 9 - 157 所示。

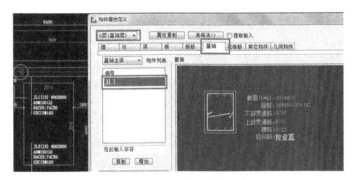

图 9 - 156　定义完成基础主梁

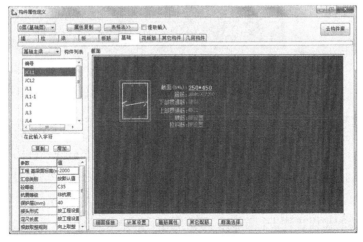

图 9 - 157　增加其他基础主梁

3）定义基础次梁。切换到"基础次梁"，在梁编号上单击鼠标右键，可对构件进行重命名，将其名称改为 JCL1。需编辑的内容包括"截面""箍筋""上部贯通筋""下部贯通筋""腰筋"和"拉钩筋"。定义好 JCL1 配筋后，如图 9 – 158 所示。定义好 JCL1 后，接着就是 JCL2 的定义，直接单击"构件属性定义"界面中的"增加"按钮，便可以继续对 JCL2 进行定义，之后关闭此对话框即可，如图 9 – 159 所示。

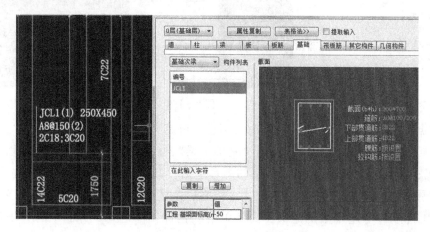

图 9 – 158　定义基础次梁

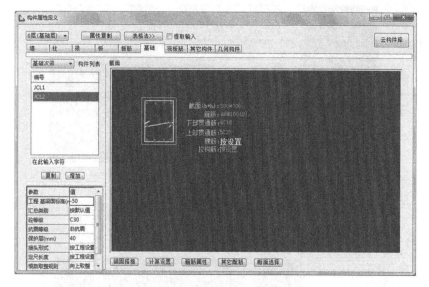

图 9 – 159　定义完成基础次梁

▶ 第二步，布基础梁

1）单击"构件布置栏"中的"基础梁"按钮，选择"基础梁"图标，在"属性定义栏"中选择"基础主梁"及相应梁的种类，光标由 ✛ 变为 ▦ 形状，再到绘图区内点击梁的起点和终点，然后单击鼠标右键，即可完成基础梁的布置。布置好的 JL1 如图 9 – 160 所示。其他梁可以按照这样的操作步骤进行布置，布置完成后的梁效果如图 9 – 161 所示。

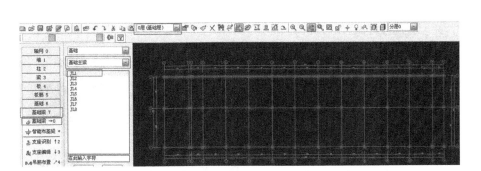

图 9 – 160　连续布置基础梁

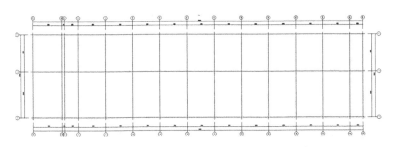

图 9 – 161　完成梁绘制的效果图

2）"基础平面图"中，14 ~ 15/B ~ C 的次梁 JCL1，左起点相对 14 轴线和 B 轴线的交点，X 方向往右偏移了 0mm，Y 方向往上偏移了 2185mm；JCL1 的右终点相对 14 轴线和 B 轴线的交点，X 方向往右偏移了 3000mm，Y 方向往上偏移了 2185mm。

3）按住 < Shift > 键不放，点击 14 轴线和 B 轴线的交点，弹出对话框如图 9 – 162 所示，X 框输入 0，Y 框输入 2185，单击"确定"按钮，松开 < Shift > 键，再拖动鼠标，则 JCL1 的起点被定位了；接着按住 < Shift > 键不放，点击 14 轴线和 B 轴线的交点，X 框输入 3000，Y 框输入 2185，单击"确定"按钮，松开 < Shift > 键，单击鼠标右键退出，即可完成基础次梁 JCL1 的布置，如图 9 – 163 所示。

图纸中其他的梁，如果起点或终点不在轴线和轴线的交点上，都可通过 < Shift > 键来辅助定位其起点或终点。

图 9 – 162　相对坐标绘制

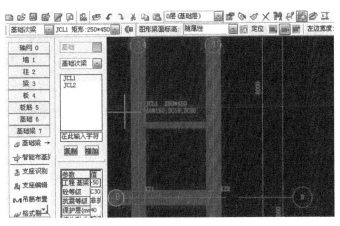

图 9 – 163　绘制完成梁

▶ 第三步，调整梁标高

1）在楼层设置中，0层构件顶标高为－50mm。所有基础梁构件布置好后，其顶标高默认为本楼层的顶标高－50mm。要查看构件标高，可单击 🔍 按钮，再点击某个梁，在梁的起点和终点会显示梁的标高。布置好JCL1，接着查看其标高，如图9－164所示；而在"基础平面图"中的备注"未注明基础梁定位均为与轴线居中或与柱、墙

图9－164 查看基础梁的标高

边齐平，JCL底与JL底齐平"中，与此JCL1相交的基础主梁的底标高都是－1050mm，这些JCL1的底标高应为－1050mm，即其顶标高应为－600mm。单击 Ⅱ 按钮，单击图9－164中的JCL1，单击鼠标右键，出现浮动对话框如图9－165所示。

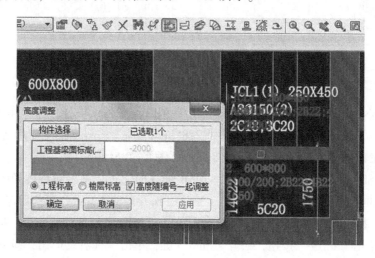

图9－165 高度调整

2）将"高度随编号一起调整"前的勾去掉，选择工程标高后，双击"取楼地面标高"处，输入－600，如图9－166所示，单击"确定"按钮即可。其他需调整顶标高的梁，可照此方法调整（调整过标高的基础梁，其颜色会变成蓝色）。

▶ 第四步，支座识别

具体操作可参照9.4节中"梁"的支座识别。

▶ 第五步，对构件进行平法标注

具体操作可参照9.4节中"梁"的构件平法标注。

图9－166 调整梁的高度

2. CAD 转化基础梁

0 层的构件有框架柱、基础梁和条形基础。框架柱可通过"楼层间构件图元复制"命令，从 1 层复制到 0 层，基础梁需要 CAD 转化，条形基础需手工布置。基础梁的转化步骤与楼层梁的转化一致。

（1）CAD 基础梁转化命令解析

提取梁：将梁边线和梁标识按图层、局部和局部图层等方式进行提取。

自动识别梁：将提取的梁属性（基础主梁、基础次梁）按名称识别符、支座判断条件等进行识别。

自动识别梁原位标注：将提取的梁原位标注进行识别。

转化结果应用梁：将提取、识别后的基础梁构件通过"转化结果应用"步骤，将图形线条转化成软件中的基础梁构件。

（2）CAD 基础梁转化操作步骤

▶ 第一步，导入 CAD 图

CAD 图导入的具体操作可参照 9.2.2"CAD 轴网转化"。

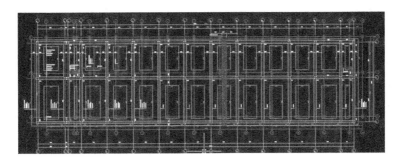

图 9 – 167　导入 CAD 图

如图 9 – 167 所示，新导入的首层板筋平面图和已经转化结果应用的轴线不在同一个位置，用"带基点移动"图标 ✛ 将两个图重合在一起，如图 9 – 168 所示。

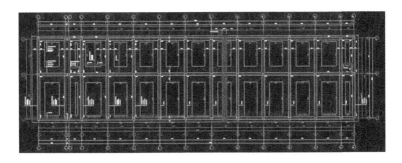

图 9 – 168　移动 CAD 图

▶ 第二步，提取梁

基础梁的"提取梁"操作可参照 9.4.2"梁 CAD 转化"。

▶ 第三步，自动识别梁

如图9-169所示，单击"转化梁"下的"自动识别梁"选项，在弹出的"加载集中标注"对话框中，"显示全部集中标注"中所有的梁都有显示，包括基础梁"JL"和基础次梁"JCL"。分别单击"显示没有断面的集中标注"和"显示没有配筋的集中标注"，如果内容为空，则表示所有CAD图中的基础梁都被识别了，单击"下一步"按钮，进入如图9-170所示的对话框，在"基础主梁"文本框中输入"JL"，在"基础次梁"文本框中输入"JCL"，选择"以已有墙、柱构件判断支座"单选按钮，梁宽识别选择"按标注"，梁边线到支座的最大距离输入"800"，单击"确定"按钮即可。

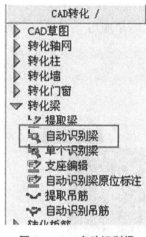

图9-169 自动识别梁

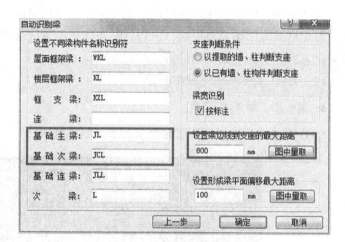

图9-170 支座判断条件

注意：

① 需做了柱后再做基础梁的CAD转化，这样梁才能找到支座。

② 梁边线到支座的最大距离，应不小于图中所有支座截面尺寸的最大值，输入"800"。

▶ 第四步，自动识别梁原位标注

如图9-171所示，单击"转化梁"下的"自动识别梁原位标注"选项，弹出对话框如图9-172所示，单击"确定"按钮。

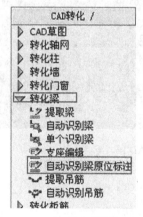

图9-171 自动识别梁原位标注

图9-172 完成梁原位标注

▶ 第五步，转化结果应用

单击"CAD 转化"下的"转化结果应用"选项，弹出的对话框如图 9 - 173 所示。勾选"基础"构件，勾选"删除已有构件"项，单击"确定"按钮，弹出的对话框如图 9 - 174 所示，单击"确定"按钮即可。

注意：选择"删除已有构件"项，则无论之前软件中本楼层有没有布置过基础梁，都会被清除，只保留本次转化的基础梁。

▶ 第六步，图层显示控制

基础梁配筋显示步骤可参考 9.4.2 "梁 CAD 转化"。

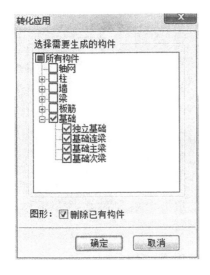

图 9 - 173　转化应用基础梁

图 9 - 174　转化结果应用

9.8.3　条形基础

条形基础是指基础长度远远大于宽度的一种基础形式，按上部结构分为墙下条形基础和柱下条形基础。它把墙或柱的荷载侧向扩展到土中，使之满足地基承载力和变形的要求。条形基础与基础梁类似，都可理解为线性构件，首先可通过"基础平面图"获取条形基础的截面尺寸和配筋信息，其次在软件中的属性定义对话框中进行尺寸配筋定义，最后再绘制到图形界面。

1. 条形基础命令解析

条形基础属性定义：将条形基础的基本截面配筋信息按照要求进行完整定义。

条形基础：条形基础为线性构件，将定义好的条形基础在绘图区中进行连续布置。

2. 条形基础属性定义和布置操作步骤

▶ 第一步，条形基础属性定义

双击软件界面构件属性栏，进入构件属性定义界面，如图 9 - 175 所示。按照"基础平面图"的条形基础 JC1 信息：底标高为 -2450mm、顶面宽度为 700mm（条基上柱宽 600mm 加上两个 50mm），进行定义，然后定义承台的配筋。进入"构件属性定义"对话框，切换到基础大类"基础"选项卡下的"条形基础"，在编号上单击鼠标右键，可对构件进行重命名，将其名称改为 JC1。需编辑的内容包括"截面尺寸""受力钢筋""分布钢筋""工程基础底标高"等。定义好 JC1 配筋后，显示如图 9-176 所示。定义好 JC1 后，接着就是 JC2、JC3等条形基础的定义，直接单击"构件属性定义"界面中的"增加"按钮，便可以继续对其他条形基础进行定义，之后关闭此对话框即可，如图 9-177 所示。

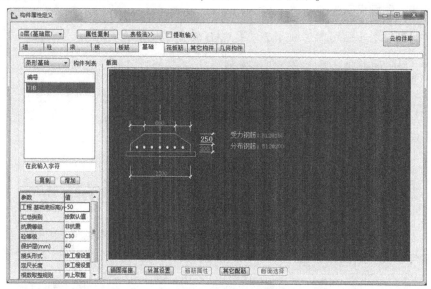

图 9-175　条形基础的属性定义

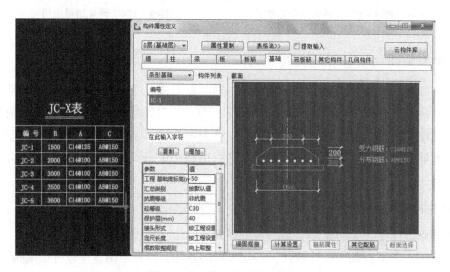

图 9-176　定义完成条形基础

▶ 第二步，条形基础布置

单击"构件布置栏"中的"基础"按钮，选择"条形基础"图标，在"属性定义栏"

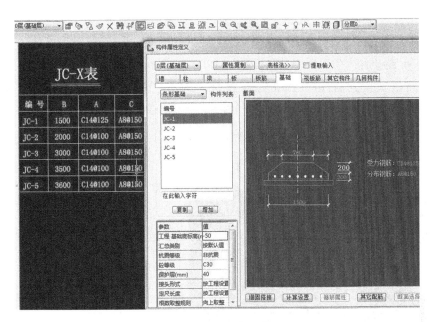

图 9-177 增加条形基础

中选择"基础"下的"条形基础"及相应条基的种类，光标由■变为■形状，再到绘图区内点击梁的起点和终点，然后单击鼠标右键，即可完成条形基础的布置。布置好的 JC1 如图 9-178 所示。其他条形基础可以按照这样的操作步骤进行布置，布置完成后的效果如图 9-179 所示。

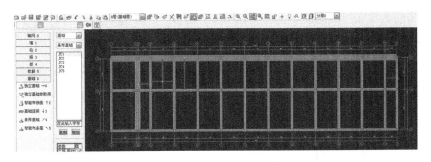

图 9-178 绘制条形基础

图 9-179 完成条形基础效果图

基础构件布置完成之后，需要注意的是基础层柱与普通层柱的不同之处，基础层算的是根，普通层柱算的是中间部分。如何对基础层柱进行根的查找？以下详细讲解软件的一键功能，让其自动读取基础，从而计算插筋。

▶ 第三步，构件底标高自动调整

0 层的柱布置好后，在软件中其高度默认为 0，如图 9 − 180 所示，在构件三维显示 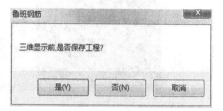 中显示的是柱的平面；查看构件三维的方法是，单击"三维显示"图标，出现对话框如图 9 − 181 所示，单击"是"按钮，即进入如图 9 − 182 所示的三维显示状态。

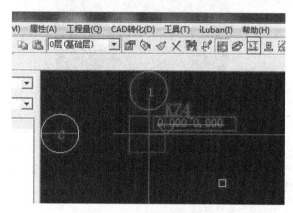

图 9 − 180　查看柱构件标高

图 9 − 181　三维显示图

0 层的柱布置好后，需将其底标高调整到柱最下面接触到的构件的顶标高位置。在本例图纸中，需将其底标高调整到条形基础的顶标高位置。

单击"对构件底标高自动调整"图标，出现对话框如图 9 − 183 所示，单击"构件选择"按钮，在图形中选中任意一个柱子（图 9 − 184），接着框选整个图形，单击鼠标右键退出，显示"当前选取 45 个构件，成功读取 45 个构件"，单击"确定"按钮，出现如图 9 − 185 所示的对话框，单击"确定"按钮退出即可。

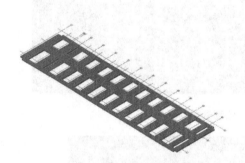

图 9 − 182　三维显示基础层构件

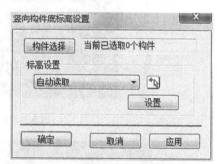

图 9 − 183　竖向构件底标高设置

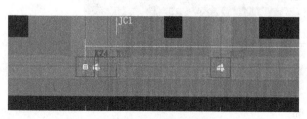

图 9 − 184　选择构件

图 9 − 185　构件成功应用

（1）在没有轴交点辅助的情况下，如何对基础梁进行准确定位？

（2）如何按工程要求调整构件的标高？

9.9　其他构件

9.9.1　自定义线性构件

自定义线性构件包含常规断面和自定义断面两种属性定义方式，以满足正常的工程中节点构件的设置及布置计算。

自定义线性构件常规断面和自定义断面，如图 9 – 186、图 9 – 187 所示。

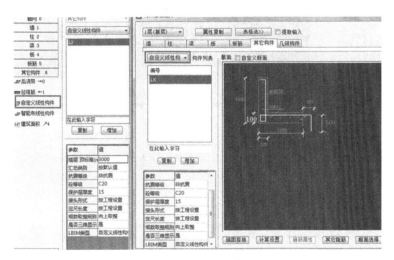

图 9 – 186　自定义断面

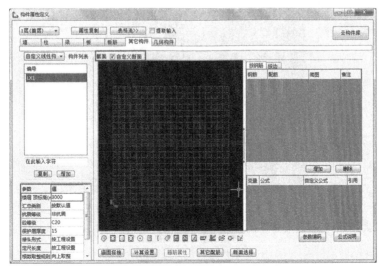

图 9 – 187　自定义断面

图纸中的雨篷、女儿墙等构件可以采用自定义线性构件中的自定义断面进行绘制。以雨篷为例，选择自定义断面中绘制断面图标 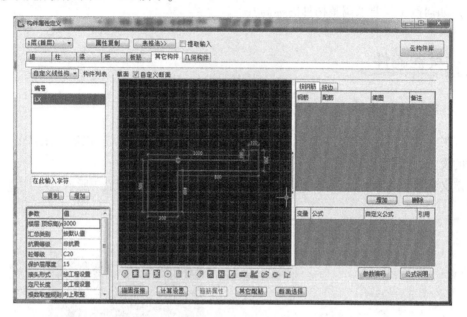 进行雨篷断面绘制，单击白色数字进行截面尺寸修改，修改完成后如图 9 – 188 所示。

图 9 – 188　雨篷断面

截面绘制完成，单击▢布置纵筋，弹出如图 9 – 189 所示的界面，对于多余钢筋可用鼠标左键单击选中，蓝色钢筋出现红色 X 号，点击删除，点击钢筋根数后确定，右击输入钢筋信息，单击"确定"完成，如图 9 – 190 所示。

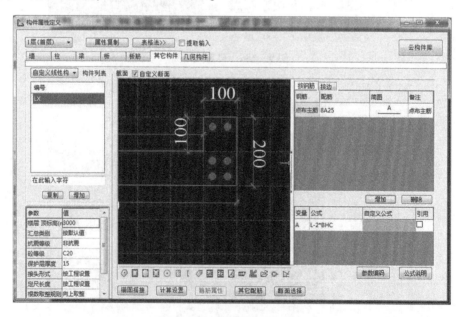

图 9 – 189　构件属性定义界面

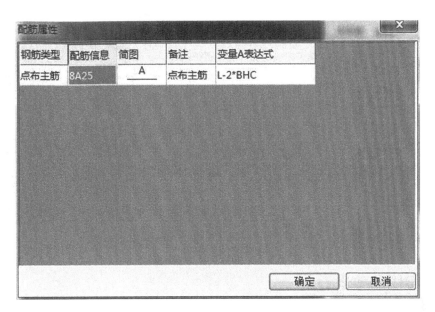

图 9 – 190　钢筋纵筋设置

单击分布筋图标 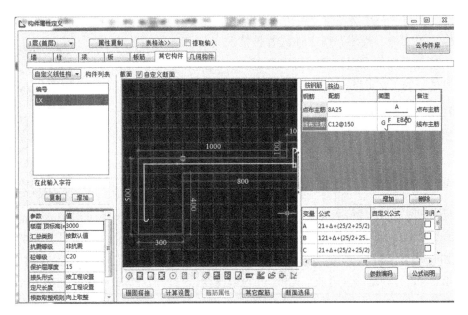 进行分布钢筋布置，按照 CAD 图纸中钢筋所在位置绘制，绘制完成后鼠标右击输入钢筋信息，单击"确定"完成，如图 9 – 191 所示，雨篷自定义断面绘制完成。

图 9 – 191　雨篷钢筋详图

9.9.2　建筑面积

其他构件中的建筑面积图如图 9 – 192、图 9 – 193 所示。可使用自动生成和自由绘制，软件进行自动计算，可在报表中体现单方含量等指标。

图9-192　建筑面积1

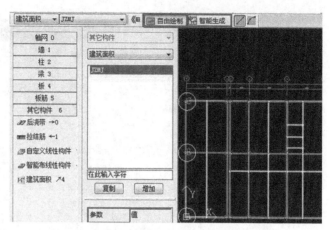

图9-193　建筑面积2

9.10　常用命令解析

在软件的操作过程中，有些命令的使用很频繁。本节对一些常用命令的操作方法进行介绍。

9.10.1　备份工程

一个工程通过完整建模之后，会在保存路径下生成一个工程文件和一个备份文件夹。工程文件是建模的源文件，若源工程文件因各种情况（例如建模过程中突然断电）导致源文件受损，那么可以通过备份文件夹中的备份文件进行建模过程的正常继续。工作中建议主动进行工程文件保存。

1. 备份工程命令解析

保存活动文档：随时进行保存，防止因停电或死机而造成的损失。

备份活动文档：在工程目录下快速形成备份文件。

2. 备份工程操作步骤

在工程建模时，每次保存工程文件的同时，都会产生一份备份

图9-194　以Backup为后缀的文件夹

工程。比如有一个工程名称是"实例工程"，它的备份文件是在工程文件保存时自动生成，是一个以Backup为后缀的文件夹，如图9-194所示。打开这个文件夹，如图9-195所示，点击任意一个备份工程，会显示保存产生备份工程的时间。在源文件被破坏后，备份工程可用来修复工程，所以备份不可以随意删除。

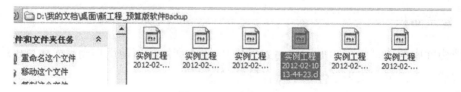

图9-195　备份工程

9.10.2　建筑物缺省设置

1. 建筑物缺省设置命令解析

建筑物缺省设置：在此可修改工程总体属性设置。

2. 建筑物缺省设置操作步骤

新建工程时，完成了对工程概况、计算规则、楼层设置、锚固设置、计算设置、搭接设置等的编辑后，单击"确定"按钮，进入对工程的基本操作。如想再修改工程设置中的某一项内容，可单击软件界面上边工具栏中的"建筑物缺省设置"图标，重新进入"工程设置"对话框，如图 9 - 196 所示，针对某一项内容直接进行修改，再单击"确定"按钮即可。

图 9 - 196　工程设置

9.10.3　构件名称更换

在布置各个构件时，有时会在某个位置布置了与工程要求不相符的构件，那么不需要将其删掉，可进行重新布置。可通过软件中的"构件名称更换"命令对布置不符的构件进行更换，更换成与工程要求一致的构件。

1. 构件名称更换命令解析

构件名称更换：批量替换构件名称，替换项仅为公共属性。

2. 构件名称更换操作步骤

如图 9 - 197 所示，0 层轴线 4 和轴线 5 之间的一些位置应该是 JCL1，而在布置时不小心布置成了 JCL2，如果删除构件后再重新使用 <Shift> 键布置会很麻烦，可直接使用"构件名称更换"命令将布置的 JCL2 直接替换成 JCL1。单击工具栏中的"构件名称更换"图标，单击 JCL2，再单击鼠标右键，弹出"属性替换"对话框，如图 9-198 所示，选择将要替换成的构件 JCL1，单击"确定"按钮即可完成构件名称更换，如图 9-199 所示。

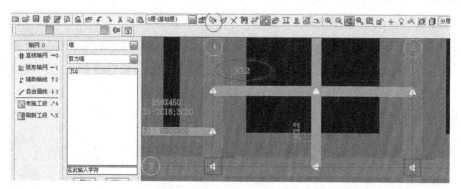

图 9-197　构件名称更换

图 9-198　属性替换

图 9-199　替换完成

9.10.4　构件删除

构件在布置好之后，如不需要此构件，可通过软件中的"构件删除"命令将其删除，从而方便建模的正常进行。

1. 构件删除命令解析

构件删除：选中构件将其删除。

2. 构件删除操作步骤

例如首层 1/C 轴的 KZ4 布置错了，需要删除，则可以单击工具栏中的"构件删除"图标 ✕，然后点击 1/C 轴的 KZ4，如图 9-200 所示，最后单击鼠标右键即可删除此构件。

9.10.5　合法性检查

所有的构件在布置好之后，要想知道构件布置是否恰当，检查则是必定要做的一步。可通过软件中的"合法性检查"命令对布置好的构件进行检查（例如可检查梁配筋少了上部纵筋、构件出现重叠等）。

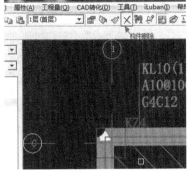

图 9-200　柱构件删除

1. 合法性检查命令解析

合法性检查：检查图形中的构件是否布置合理。

2. 合法性检查操作步骤

第一步，工具栏中"选择楼层"处切换到需要检查的楼层，如图 9-201 所示。

第二步，单击工具下拉菜单"合法性检查"，如图 9-202 所示。如果对话框中的内容是空白的，则表示所画的所有构件都是恰当的；如果框内有内容，则单击某条内容，直接修改不恰当的布置即可。

每个楼层在布置好构件后，建议至少操作一次"合法性检查"。

图 9-201　切换楼层　　　　图 9-202　合法性检查

9.10.6　查看或修改钢筋量

对工程构件进行计算后，如需查看某一个构件的钢筋量，可通过"选择单个构件，查看或修改钢筋量"命令对所需查看的构件进行查看。

1. "选择单个构件，查看或修改钢筋量"命令解析

选择单个构件，查看或修改钢筋量：在图形法中即时查看构件的计算结果，并可编辑钢筋。

2. "选择单个构件，查看或修改钢筋量"操作步骤

单击右边工具栏中"选择单个构件，查看或修改钢筋量"图标 $\mathcal{\sigma\sigma}$，然后点击所需查看的构件，在界面下方即出现此构件各类钢筋的计算公式与计算结果，如图 9 – 203 所示。

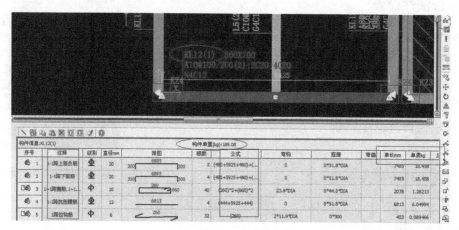

图 9 – 203　查看钢筋

9.10.7　三维显示

整个工程构件布置及计算结束后，可对本工程的三维模型进行整体查看，通过软件的"三维显示"功能，将整个工程的构件进行显示，并对三维模型截图保留，作为建模的成功案例。

1. 三维显示命令解析

单构件三维显示：进入单构件三维立体显示模式。

三维显示：进入三维立体显示模型。

2. 三维显示操作步骤

▶ 第一步，构件三维查看

单击"三维显示"图标 ，弹出"三维显示工程保存"的对话框，如图 9 – 204 所示。单击"是"或者"否"按钮都可进入三维显示界面，如图 9 – 205 所示。此界面显示的构件为当前楼层的所有构件的三维图形。若要查看其他楼层或所有楼层的构件三维，则单击"三维显示窗口"界面中的"构件显示控制"图标 ，在弹出的"构件显示"对话框内选择要显示的楼层和构件，单击"确定"按钮即可进行选择性三维查看。

▶ 第二步，构件钢筋三维查看

三维显示中右键选择"查看构件钢筋"图标 ，然后点击需要钢筋查看的构件，例如查看梁，即可查看其钢筋布置的三维图形。

▶ 第三步，构件三维位置平移

单击三维显示窗口中的 按钮，再单击图形拖动鼠标，可拖动图形。

注意：钢筋三维只是作为参考，最终以钢筋量为准。

图 9-204　三维显示工程保存

图 9-205　构件钢筋三维查看

9.11　报表输出

9.11.1　汇总计算

在计算构件钢筋工程量之前，先检查构件的布置是否正确，确定无误后再进行构件钢筋量计算。可对工程中的一个楼层的所有构件进行计算，也可对整个工程所有构件进行计算。具体操作如下。

单击右边工具栏中的红色叹号，弹出对话框如图 9-206 所示。如需计算某一个楼层的工程量，在"楼层选择"框中勾选其名称即可；如需计算多个楼层，勾选多个楼层即可。某一楼层选中后，可在"构件选择"框中默认选定所有构件，或者随意选择需计算的某几个构件。

注意：钢筋工程量计算与土建有一定区别。

① 钢筋工程量计算：在钢筋软件中，统计的是一定级别直径的钢筋的长度和重量，未涉及套定额和清单。对已计算过的构件进行修改之后，需重新对其进行计算（可全构件计算，也可结合"计算结果锁定"功能单独计算修改后的构件），计算结果即被刷新。

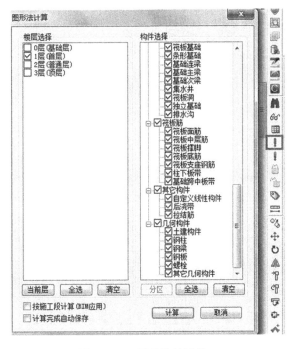

图 9-206　选择构件计算

② 土建工程量计算：图形构件布置后，需对构件进行定额和清单的套取，才可计算出工程量。已经整体计算过的工程，对图形或者属性做了少量的修改，只需计算修改涉及的相关构件，不相关的构件不必处理，可采用增量计算，从而节约时间，提高效率。

9.11.2 报表查看

完成工程的建模和汇总计算之后，可以进行报表查看和导出，具体操作如下。

单击工具栏中的"进入报表系统"图标 ，弹出"钢筋报表"对话框，如图 9 - 207 所示，其中有钢筋汇总表、钢筋明细表、接头汇总表等。钢筋汇总表又有按楼层、按钢筋直径等分类统计的报表，可直接点击查看，弹出如图 9 - 208 所示的对话框，单击"是"按钮即可。钢筋明细表提供有三种可选择的方式。接头汇总表也提供了几种可供选择的接头类型统计方式，如图 9 - 209 所示。

所有的报表查看后，可通过图 9 - 209 中的"打印"按钮将计算结果打印出来；也可通过"导出"按钮将计算结果导出成 Excel 表格，如图 9 - 210 所示，单击"导出"按钮，切换好保存路径，等待导出数据后，单击"确定"按钮即可。

注意：计算结果在软件中的报表里是不可以进行更改的，如需更改某些计算结果，可将报表导出到 Excel 表格后，在 Excel 表格里进行修改和保存。

图 9 - 207 钢筋汇总表

图 9 - 208 提示是否重新统计

图 9 - 209 接头汇总表

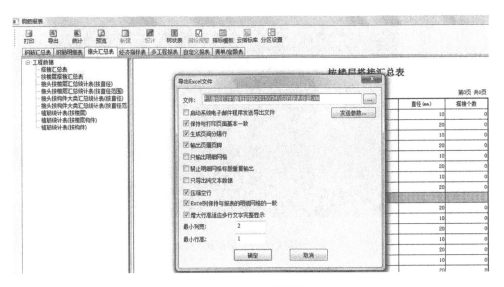

图 9 - 210　导出报表

9.12　钢筋专业 BIM 应用点及模型输出

9.12.1　钢筋骨架图

通过钢筋骨架图，可以直观查看框架梁和次梁的属性信息和平面位置，还能查看所有钢筋的级别、直径、长度、根数。在骨架图中可以根据实际施工需求修改钢筋信息，使其更符合现场实际施工情况，能更好地参与钢筋对量和检查，指导现场施工。

对梁构件进行计算后，在钢筋软件中"BIM 应用"下单击"骨架图"进行查看，选择梁进行骨架图的查看，如图 9 - 211、图 9 - 212 所示。

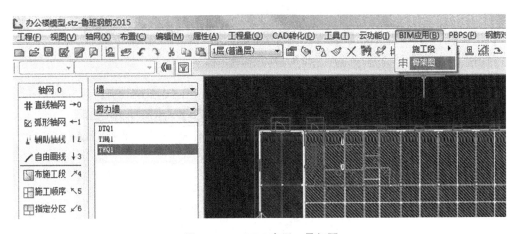

图 9 - 211　BIM 应用—骨架图

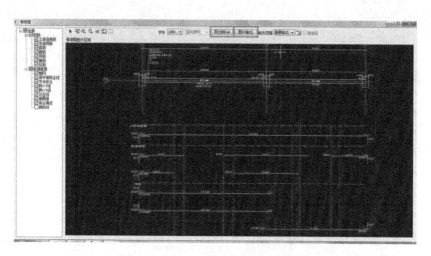

图 9 - 212　骨架图

骨架图支持在钢筋软件中查看打印，同时支持以 CAD 文件的格式、图片格式进行导出查看。

9.12.2　钢筋施工段划分

利用钢筋施工段划分的功能，能够快速、高效地提取所需区域的工程量，协助编制材料计划。

施工段的布置可以选择在"轴网"下的布置施工段或者单击钢筋软件中"BIM 应用"下的"施工段"，如图 9 - 213 所示，进行施工段的布置，指定施工顺序，选择按施工段进行计算，可以达到按施工段分区出量，如图 9 - 214 ~ 图 9 - 217 所示。

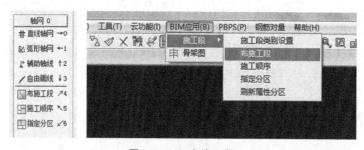

图 9 - 213　布施工段

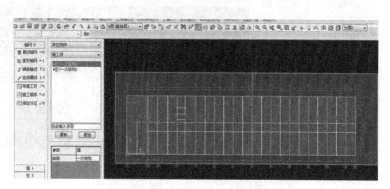

图 9 - 214　施工段布置效果图

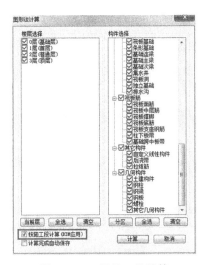

图 9 - 215　按施工段计算

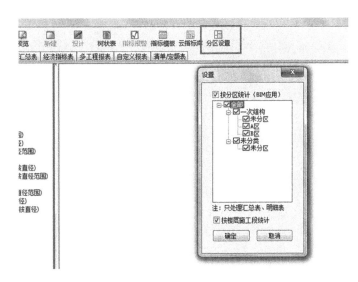

图 9 - 216　按分区统计报表

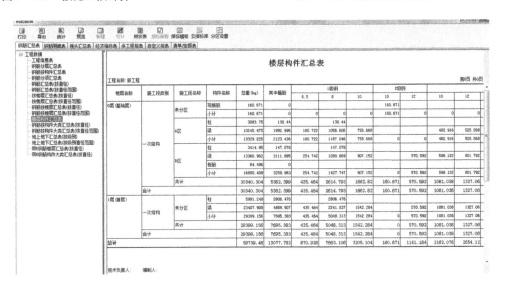

图 9 - 217　分楼层分施工段报表

BIM建模与算量
BIM jianmo yu suanliang

第4篇　鲁班安装 BIM 建模

04

第 10 章

鲁班安装 BIM 建模软件概述

10.1 鲁班安装 BIM 建模软件的作用及功能

安装 BIM 建模软件分为给水排水、电气、暖通、消防和弱电五个专业。

通过对安装分专业的建模达到分专业出量的目的，BIM 模型建立完成后可对模型进行合并，对模型进行管线综合的调整，高效快速地解决施工中遇到的管道翻弯问题。安装 BIM 模型也可与土建模型合并进行碰撞检查，通过碰撞检查找出有价值的碰撞与施工单位或设计院进行沟通，真正做到将施工中遇到的问题提前发现、提前解决，避免施工时的不合理而返工的风险。

安装 BIM 模型与土建 BIM 模型的关系：安装 BIM 模型与土建 BIM 模型合并后不仅可以进行管线综合调整、进行碰撞检查，还可以在管道和墙体的碰撞处一键生成阻火圈、套管等附件，方便模型建立。

给水排水专业 BIM 模型特点：给水排水专业 BIM 模型的建立可以清晰地看到水平管与立管的连接方式，将平面图中的管线信息进行三维化、可视化。

电气专业 BIM 模型特点：电气专业的设备及管线可以通过转化完成模型建立并得到对应工程量，还可根据平面图中的管线标注进行对应根数的转化。模型包含管线的预留量。

暖通专业 BIM 模型特点：可实现风管的转化、风管部件的布置，可自动根据风管的尺寸和安装高度进行生成，地暖可直接线变生成模型。

消防专业 BIM 模型特点：通过对喷淋头、喷淋管的转化直接得到其相对应的工程量，省去以往的手动建模的繁琐步骤，大大提升建模效率。

弱电专业 BIM 模型特点：管线的快速转化及预留同电气专业。对于壁装灯具可布置两根竖向管线。

10.2 鲁班安装 BIM 建模软件界面介绍

安装 BIM 建模软件的操作界面如图 10 - 1 所示。使用软件一定要对软件的操作界面及功能按钮的位置进行熟悉，只有熟悉了操作效率才会提高。

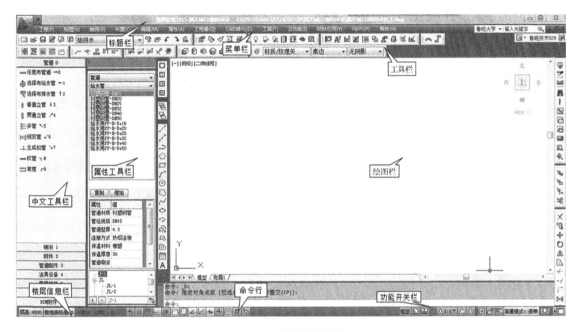

图 10 - 1　软件的操作界面

标题栏：显示软件的名称、版本号、当前的楼层号、当前操作的平面图名称。

菜单栏：菜单栏是 Windows 应用程序标准的菜单形式，包括【工程】、【视图】、【轴网】、【布置】、【编辑】、【属性】、【工程量】、【CAD 转化】、【工具】、【云功能】、【BIM 应用】、【帮助】等。

工具栏：只需单击相应的图标就可以执行相应的操作，从而提高绘图效率，在实际绘图中非常有用。

属性工具栏：在此界面上可以直接复制、增加构件，修改构件的各个属性，如标高、规格、型号等。

中文工具栏：此处中文命令与工具栏中图标命令作用一致，用中文显示出来，更便于操作。例如，鼠标左键单击 [灯具]，会出现与灯具有关的相关信息。

命令行：是屏幕下端的文本窗口。命令行包括两部分：第一部分是命令行，用于接收从键盘输入的命令和命令参数，显示命令运行状态，CAD 中的绝大部分命令均可在此输入，如画线等；第二部分是命令历史记录，记录着曾经执行的命令和运行情况，它可以通过滚动条上下滚动，以显示更多的历史记录。

功能开关栏：在图形绘制或编辑时，状态栏显示光标处的三维坐标和"捕捉""正交"等功能开关按钮。按钮凹下去表示开关已打开，正在执行该命令，按钮凸出来表示开关已关闭，退出该命令。

10.3 鲁班安装 BIM 建模软件操作流程 （图 10-2）

对于一份工程图纸，首先根据设计说明、系统图、平面图，提取与建模相关的信息。

【楼层高度】：层高。

【管材信息】：管材、管径、连接方式、标高。

【导线配管信息】：导线规格、导管大小、敷设方式。

【设备信息】：安装高度。

切换到对应专业下方，根据图纸中的项目名称、楼层高度进行工程设置。选择相同基点将图纸调入对应楼层。

根据图纸中的系统进行系统编号的编辑。选择对应专业对 BIM 模型进行建立。计算工程量后对模型进行云模型检查，查找模型是否有遗漏、错误，或者存在建模不合理的地方。对模型错误的地方进行反查修改，重新计算工程量，完成 BIM 模型的建立。

注意：云模型检查前要先计算工程量，否则软件会提示有未计算的构件。检查完成后反查到模型中对模型进行修改。修改所有模型的问题后，再重新计算工程量。

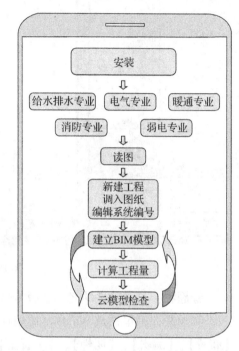

图 10-2 鲁班安装 BIM 建模软件操作流程

10.4 鲁班安装软件结果的输出

表格输出是传统的输出方式，鲁班安装 2014V16.1.1 的版本提供：

1）工程量概览表。

2）系统计算书。

3）消耗量汇总表。

4）配件汇总表。

5）超高量汇总表。

6）绝热保温表。

7）刷油工作量表。

8）风管壁厚表。

注意：表格中既有构件的总量，又有构件详细的计算公式（图 10-3）。

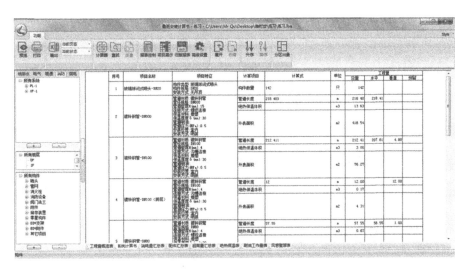

图 10 - 3　输出表格

10.5　预算接口文件

目前软件提供 Excel、PDF 格式的文件输出。

第11章
BIM 建模前的准备工作

11.1　工程三维视图

工程整体三维效果图如图 11-1 所示。

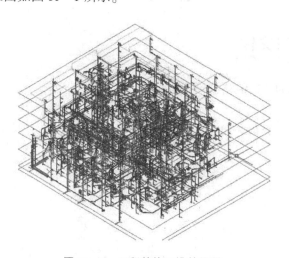

图 11-1　工程整体三维效果图

11.2　工程整体概况

工程规模：总建筑面积 3842.38 平方米；计容建筑面积 3842.38 平方米；建筑占地面积
1299.58 平方米；建筑主体为地下 1 层，地上 5 层，建筑高度 $H=19.9$ 米。

功能布局：地下一层，地下室为停车库。

一层，商店间。

二层，门厅、商店。

三至五层，办公。

本项目属多层公共建筑。本工程室外消火栓系统用水量为 30L/s，室内消火栓系统用水
量为 40L/s。消控兼监控中心设于本工程地上一层；柴油发电机房设于本工程地下一层；消

防水泵房设于本工程地下一层。柴油发电机房内设贮油间，其存贮油量为小于 8h 需油量，其余场所按正常环境设计。

（1）设计依据

① 国家现行有关规范及地方相应法规。

② 相关部委工程建设行业标准。

③ 其他专业提供的本工程设计资料及本工程的市政条件。

④ 业主提供的相关电气设计要求。

（2）设计内容

① 照明、通用用电设备配电及控制。

② 防雷保护及接地系统。

③ 消火栓系统的联动控制及漏电火灾监控系统。

④ 弱电：有线电视、电话系统、综合布线系统、保安闭路监控系统等预埋管线。

⑤ 地下室及基础接地平面图详见地下室专项电气施工图。

11.3　本工程建模流程

对安装各专业图纸的设计说明进行阅读，提取与专业有关的信息（例如设备安装高度、管道连接方式等）。

1）新建工程。

2）调入图纸。

3）转化设备。

4）定义系统编号。

5）属性定义中添加好对应的构件，开始 BIM 模型的建立。

6）计算工程量并进行云模型检查。

7）反查修改模型。

8）合并 BIM 模型，计算工程总量。

工程重难点

① 给水排水专业：管道变径及高度变化，各类管材的名称、规格、型号、尺寸，给水以及排水的系统编号，管道的敷设方式、连接方式（消防专业同给水排水）。

② 电气专业：管线引入点方向，各类管线的配管配线信息，各个电气回路系统编号，管线的敷设方式、连接方式（弱电专业同电气）。

③ 暖通专业：风管的尺寸、安装高度。

第12章
给水排水专业 BIM 建模流程

12.1　给水排水专业读图

根据对设计说明、系统原理图的了解，可以收集到以下信息：

本工程，地下 0 层，地上 5 层，建筑高度 19.90m，共 5 层。1 ~ 2 层层高为 4500mm，3 ~ 5 层层高为 3600mm。室外埋地供水管采用球墨铸铁管，柔性连接。生活供水立管、屋面供水干管、生活水泵出口的管道采用钢塑复合管，采用法兰连接。泄水管直接排入排水沟内。系统管道的安装，应以 0.002 坡度坡向放水阀。喷头温度级别为 68℃（厨房部分动作温度为 93℃）。配水支管至喷头之间管段的管径为 DN25，扩展覆盖边墙型喷头为 DN32。

按照图纸输入相应的项，输入完成单击"下一步"进入后面的操作。

注意：工程设置的正确与否直接影响到最后安装工程量的计算。

12.2　新建工程

1）双击"鲁班安装"快捷图标，进入软件界面。在出现的对话框中选择"新建工程"，弹出如图 12 - 1 所示界面。

图 12 - 1　"新建工程"界面

2）单击新建工程，选择该工程的保存位置，并在文件名处定义工程的名称。这个名称可以是汉字，也可以是英文字母或数字，此工程定义为给排水，设置完成后，单击"保存"，如图 12 - 2 所示。

图 12 - 2　文件保存位置

图 12 - 3　用户模板

3）新建工程设置好文件保存路径之后，会弹出"用户模板"界面，如图 12 - 3 所示。该功能主要用于在建立一个新工程时可以选择过去做好的工程模板，以便直接调用以前工程的构件属性，从而加快建模速度。如果是第一次做工程或者以前的工程没有另存为模板，列表中就只有"软件默认的属性模板"可供选择。选择好需要的属性模板，单击"确定"就完成了用户模板的设置。

注意：安装用户模板可以保存定义好的构件属性；新增加入图库的构件图形；安装材质规格表中新增加的管材；构件颜色管理中定义好的颜色；构件计算项目设置中设置的内容；风阀长度设置中设置的内容，套好的清单和定额（在清单定额没有改变的前提下新建工程）。

4）工程概况。按软件弹出的工程概况表将工程的详细信息进行输入，如图 12 - 4 所示，输入后单击"下一步"即可。

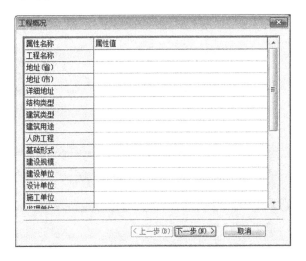

图 12 - 4　工程概况

5）模式设置。清单定额可以根据不同地区、不同年限进行选择，"模式"中可以根据实际工程需要选择"清单"或者"定额"模式。当选择"定额"模式时，"清单"和"清单计算规则"会变成灰色，表示不可设置，如图 12-5 所示。

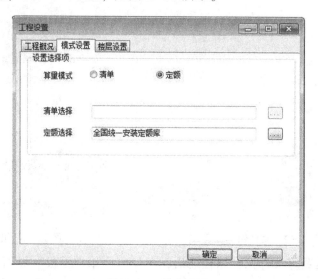

图 12-5　模式设置

注意：单击"清单选择"和"定额选择"后面的省略号，可以下载软件所具有的所有地区的清单库和定额库，如图 12-6 所示。

图 12-6　清单和定额的下载

6）楼层设置。根据读图中所识别到的信息，对楼层进行设置，设置的楼层如图 12-7 所示，定义好楼层设置后，单击"确定"结束设置。

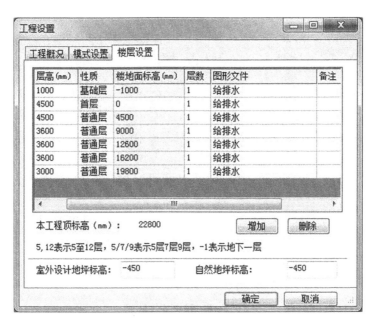

图 12 - 7　楼层设置

注意：① 在"楼层设置"中黄色的部位是不可以修改的，只要在白色的区域修改参数就可以联动修改黄色区域的数据。

② "楼层名称"中"0"表示基础层，"1"对应地上一层，"2"对应地上二层。如果需要增加一层，单击右下方的"增加"，就会在列表中多出一行，名称也自动取为"3"。如果要设置地下室，就把楼层名称改成"-1"，即表示地下一层，改成"-2"，即表示地下二层。如果一个工程当中有标准层，如5到9层是标准层，那么只要把楼层名称在英文输入法状态下改成"5，9"，即表示5到9层。需要说明的是，0层基础层永远是最底下的一层。"0"只是名称，不表示数学符号。

③ 在"层高"一栏中，单击相应楼层的层高数字，就可以更改需要的高度。需要注意的是，基础层层高一般定义"0"，不用修改。

④ "室外设计地坪标高"和"自然地坪标高"主要是和实际工程中室外装饰高度与室外挖土深度有关的参数的设置。一般根据图纸中给出的数据进行填写即可。

12.3　系统编号

根据管道类型划分不同的系统编号，方便区分给水管、污水管等不同的管道类型，方便对模型的查找以及后续按系统计算工程量。单击系统编号管理 *A* ，按照管道类型划分不同的系统编号。如图 12 - 8 所示，选中一个回路，直接单击鼠标右键在菜单中选择增加平级或者增加子级，即可增加新的系统编号。

注意：管线的系统编号增加，不能超过三级，如超过三级，软件将会自动提示上限。

图 12 - 8　系统编号管理

12.4　布置给水管

通过"带基点复制"命令将图纸复制到软件中，根据图纸中所给信息确定所画区域的管径、管材、连接方式等属性。在属性定义中添加所需管道，也可对管道的连接方式、壁厚等属性参数进行相应设置，如图 12 - 9 所示。

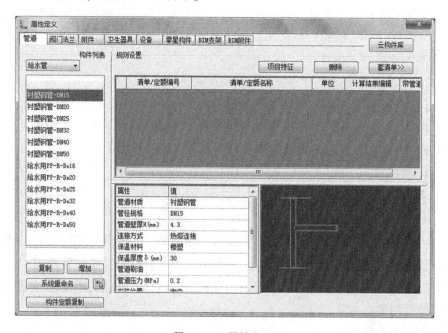

图 12 - 9　属性定义

单击 [增加] 按钮可对材质、规格、壁厚、连接方式进行编辑，如图 12 - 10 所示。根据原理图中的信息选择相应管道，单击 ⬬任意布管道 弹出如图 12 - 11 所示对话框。

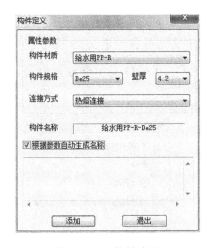

图 12 - 10　构件定义　　　　　　　图 12 - 11　任意布管道标高设置

　　设置好相应标高，根据 CAD 图纸的管道走向手动绘制。命令行提示"指定第一点〔参考点（R）〕"，选取管道上一点，单击鼠标左键选择起点，点击后软件提示"指定下一点〔圆弧（A）/回退（U）〕＜回车结束＞"，点击选择下一点。

　　终点有立管的情况下，输入对应高度点击终点位置，软件提示选择处理方式，根据立管所在位置选择对应的处理方式（其他给水管布置方式相同），如图 12 - 12 所示。布置完成效果如图 12 - 13 所示。

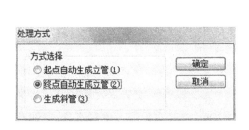

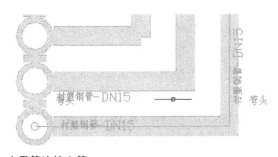

图 12 - 12　水平管连接立管

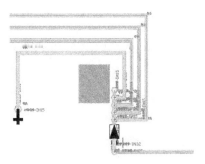

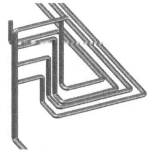

图 12 - 13　完成效果

使用相同布置方式对其他给水管进行布置（污水管的布置方式同给水管布置方式）。

12.5　垂直立管

单击布置立管按钮 **⬚ 垂直立管**　（立管的详细定义参见属性定义），命令行提示"指定立管的插入点［参考点（R）］"，选择对应的标高方式，在软件提示框输入标高信息，点击布置即可，如图 12 - 14 所示。

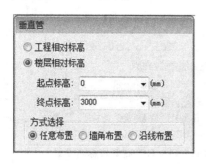
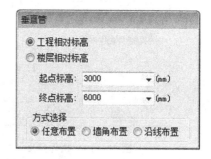

图 12 - 14　楼层标高、工程标高

软件默认是"工程相对标高"，工程相对标高也就是构件相对于该工程 ± 0.000 的标高；"楼层相对标高"就是构件相对于当前楼层为起点的标高。可以直接在"起点标高""终点标高"中输入该立管的上下端标高位置。

选择"工程相对标高"布置时，起点和终点标高默认为 0 和层高（如 0 至 3000），下次默认值提取上一次修改的标高。对于部分在该楼层里的立管，软件显示当前层高度范围内的立管。如：在一层布置的立管起、终点标高分别为 - 500mm、9000mm，一、二、三层层高分别为 3500mm、2800mm、3000mm，则软件在一层显示的立管高度为 3500mm，二层显示的立管高度为 2800，三层显示的立管高度为 2700；0 层显示的立管高度为 500mm，若设置了 - 1 层，则软件在 - 1 层显示该立管高度为 500mm，0 层不显示。

注意：选择"工程相对标高"布置时，软件支持布置输入的起点和终点标高不在该楼层范围之内的立管，但图形显示只有一个点和构件名称，且当切换过楼层后构件名称自动消除，该构件只在所属楼层显示。如：一层标高是（0，3000mm），所布置的立管高度为（3400mm，9600mm），若在一层布置完成该立管后，只有构件名称和一个点，切换到 2 层，然后再重新切换到 1 层，则 1 层的该立管构件名称消除，即立管构件显示在标高所在层，且分层显示。

设置好相应标高，在平面图中单击鼠标左键完成对垂直立管的布置。重复此操作完成其他立管的布置，如图12 - 15所示。

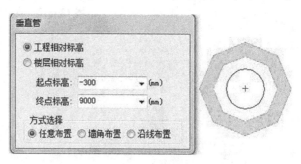

图 12 - 15　垂直立管

12.6　贯通立管

该命令主要用于布置同一垂直方向上的变径主立管，单击布置贯通立管按钮 贯通立管 ，软件弹出如图 12 - 16 所示对话框。

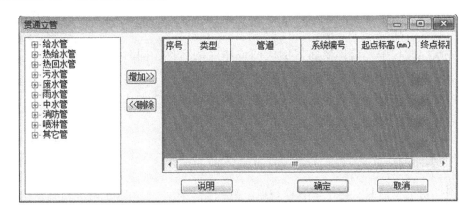

图 12 - 16　贯通立管

选择要布置的管道名称，单击"增加"，即把要布置的管道增加到右边的对话框中。对于多增加了的管道单击"删除"，按照软件提示选择"是"即可删除该管道。左边的对话框中显示的是所有已经定义了的各类管道构件，对于属性里没有被定义的，则需要在"构件属性"里定义完成，然后在该对话框中才可以看到。同理，对于没有定义的系统编号要在"系统编号"里进行增加。

定义并选择好管道名称后，如图 12 - 17 所示。

图 12 - 17　添加管径

在右边对话框中对每一种管道，可以在"系统编号"栏中选择系统编号，并输入"终点标高"参数。

注意：增加第二行时起点标高读上一构件的终点标高，不可更改。标高的输入支持"nF±"的输入方式。各个参数设置好后，单击"确定"回到图形界面，指定插入点布置贯通立管。

12.7　给水排水附件

12.7.1　阀门法兰

　　单击阀门法兰按钮 阀门法兰，软件属性工具栏自动跳转到阀门法兰—阀门构件中，选择要布置的阀门或法兰的名称，同时命令行提示"选择需要布置附件的管道"，选择要布置阀门的水管，按照命令行提示点击要布置阀门的位置（其他附件布置方式同阀门法兰），如图 12 - 18 所示。

图 12 - 18　三维效果

12.7.2　排水附件

　　排水附件指的是地漏、存水弯、检查口、清扫口、雨水斗、通气帽等。单击排水附件按钮 排水附件，软件属性工具栏自动跳转到附件—排水附件构件中，选择要布置的地漏或存水弯的名称，同时弹出如图 12 - 19所示对话框。

图 12 - 19　标高设置

　　1）楼层相对标高：输入排水附件所在的高度，该高度按本层楼地面起算，软件默认的是前一次输入的参数。若选择的是斜管则读取其高点端的标高。当输入的标高与水平管标高一致时，不生成短立管。也可以单击后面的标高提取按钮自动提取。

　　标高提取 ：可以通过直接点取平面图形来读取该图形的标高参数。注意，该按钮只能提取平面图形上的标高参数，如水平管、喷淋头等，立面图形如立管及立管上的构件的标高参数不能读取。

　　2）自动生成短立管：打勾时即当排水附件和水平管不在一个标高时，软件会自动生成立管。生成的短立管的系统编号与所选水平管相同。

　　3）短立管：软件默认短立管的名称和水平管一致，把规格同水平管的勾号点去，也可以点击小三角进行选择，小三角下拉列表中的构件选项与水平管是同一小类构件，如果该构件列表中没有，则单击后面的按钮 进入属性定义重新定义新构件。

　　4）设置好相关参数后，选择相关的排水管，按照命令行提示左键点击需要布置地漏、存水弯的位置即可。排水附件只能布于废水管、污水管等排水管，不符合时，弹出提示"该类附件不能布于该类管"。

　　5）如要在立管上布置排水附件时，操作同"阀门法兰"。

　　6）系统名称的设置同"水平管"，如图 12 - 20 所示。

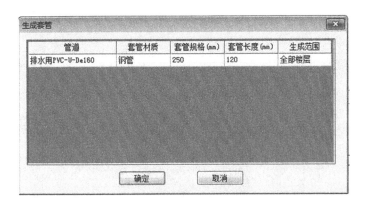

图 12 – 20　套管规格设置

12.8　仪器仪表

单击仪器仪表按钮 ⚲ **仪器仪表**，软件属性工具栏自动跳转到附件—仪器仪表构件中，选择要布置的仪器仪表的名称，选择要布置水表或压力表的水管名称，按照命令行提示在需要布置水表等构件的位置上点击即可（仪器仪表的布置同"阀门法兰"），三维效果如图 12 – 21 所示。

图 12 – 21　仪器仪表三维效果

12.9　工程量计算

如图 12 – 22 所示，在右边竖向工具栏内选择"工程量计算" ，在弹出的对话框内选择计算的楼层和需要计算的构件，单击"计算"按钮。

图 12 – 22　选择需要计算的构件

计算完毕之后，单击"计算报表" 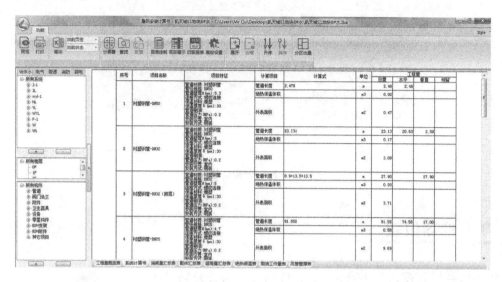，进入报表，然后可以选择需要的报表进行查看，如图 12 - 23 所示。

图 12 - 23　计算后的报表

12. 10　工程整体三维

在菜单栏单击"视图—三维显示—整体"，即可查看本工程的整体三维立体图，如图 12 - 24所示。查看的整体三维立体图，如图 12 - 25 所示。

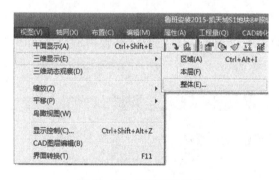

图 12 - 24　查看整体三维

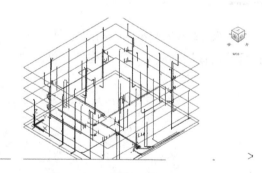

图 12 - 25　整体三维立体模型

思考与练习

（1）除带基点复制外，还有什么方法可调入图纸？

（2）管道高度设置错误，如何进行修改？

（3）管道系统编号选择有误，如何快速更换系统编号？

第 13 章
消防专业 BIM 建模流程

13.1　消防专业读图

通过对设计说明、原理图及给水排水平面图的了解，收集到以下信息。

水源：火灾前期 10 分钟由 6#楼屋顶 20m³ 消防水箱供给（水箱底标高 101.10m），火灾期间由地下室设置的 900m³ 消防水池供给。

消火栓系统：消火栓采用 DN65 消火栓。

泄水管直接排入排水沟内。系统管道的安装，应以 0.002 坡度坡向放水阀。配水支管至喷头之间管段的管径为 DN25，扩展覆盖边墙型喷头为 DN32。

无吊顶部分采用标准直立型喷头（型号为 ZSTZ），其余有吊顶部分均采用标准下垂型喷头（型号为 ZSTX）。当吊顶上方闷顶的净空高度超过 800mm 时，应加设标准直立型喷头（型号为 ZSTZ），向上安装的喷头溅水盘与顶板距离为 100mm；向下安装的喷头的净空高度超过 800mm 时，应加设标准直立型喷头（型号为 ZSTZ），向上安装的喷头溅水盘与顶板距离为 100mm。

消火栓、喷淋：当系统压力小于等于 1.0MPa 时，采用热浸镀锌焊接普通钢管；当系统压力大于 1.0MPa 小于 1.6MPa 时，采用热浸镀锌无缝钢管。管径 <100mm，采用螺纹连接；管径≥100mm，采用沟槽式卡箍连接。一般阀门的选用：管径 <DN50，采用铜质截止阀；管径≥DN50，采用优质闸阀及蝶阀。管道穿墙体、楼板应预留孔洞，穿梁及穿出外墙应设大二号套管，其间隙采用不燃性材料填塞密实。管道穿过伸缩缝时采用金属柔性接头。

13.2　转化设备

新建工程并通过本书 5.4.2 章节中"带基点复制"命令将图纸复制到软件中。

单击 🖱️，如图 13-1 所示，单击 提取二维 ，点选喷淋头，单击鼠标右键确定。点击选择插入点（选择喷头中心点），单击 选择三维 ，选择对应图形，设置好标高，选择相应的

大小类，如图 13 - 2 所示，单击 转化 完成喷淋头的转化。

图 13 - 1　设备转化

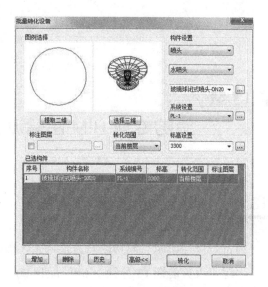

图 13 - 2　图形提取

13.3　转化喷淋管

转化喷淋管，如图 13 - 3 所示，单击"下一步"进入管线和标注的提取。单击 对喷淋管进行转化，单击 提取管线 后在 CAD 图纸中选择喷淋管，单击鼠标右键确定，如图 13 - 4 所示。

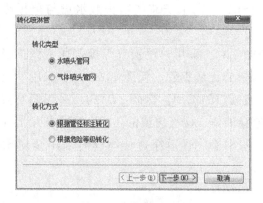

图 13 - 3　转化喷淋管

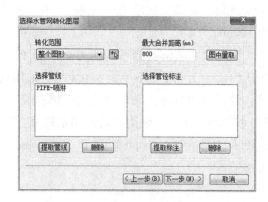

图 13 - 4　提取管线

单击 提取标注 ，点选标注，单击鼠标右键确定，如图 13 - 5 所示，单击"下一步"，出现如图 13 - 6所示的对话框，可对管道类别、喷淋管材质、系统编号、短立管管径、水平管标高进行设置。

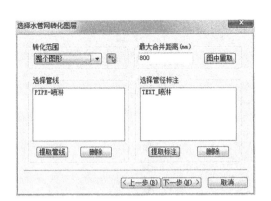

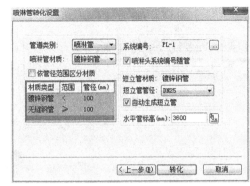

图 13 - 5　提取标注　　　　　　　　　　图 13 - 6　参数设置

单击 ☑依管径范围区分材质 可对喷淋管材质转化范围进行调整。单击 转化 完成喷淋管的转化。应用同样的方式把图纸调入 2 层并转化喷头及喷淋管,完成后效果如图 13 - 7 所示。

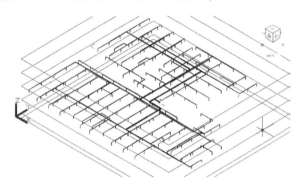

图 13 - 7　三维效果

转化喷淋管时,如果图中某段没有标注,软件无法识别则会显示为如图 13 - 8 所示。

需要手动对其更改,单击 ◈ ,单击鼠标左键选择需要修改的管道,管道被选中时显示为虚线,如图 13 - 9 所示。

单击鼠标右键,出现如图 13 - 10 所示对话框,双击选择所需管径即可完成修改(阀门法兰布置方式同给水排水)。

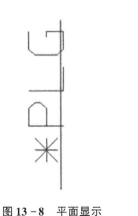

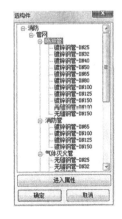

图 13 - 8　平面显示　　　　图 13 - 9　提取成功　　　　图 13 - 10　构件选择

13.4　转化消火栓箱

单击转化按钮![icon]进入软件转化设备对话框，如图 13 – 11 所示。

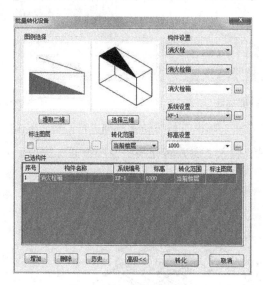

图 13 – 11　转换消火栓

注意： 转化方式同喷淋头，在转化时注意对设备名称、系统编号等大小类的选择。

13.5　箱连主管

单击箱连主管按钮![icon]**箱连主管**，软件弹出如图 13 – 12 所示对话框。

【水平支管标高】：箱与主管间水平段管道楼层相对标高。

【栓口距底边距离】：管道由下进入箱，管道端口距箱底边的距离（底边即插入点标高）。

单击鼠标左键选择"消火栓箱"，再选择主管，布置出来的管道跟所选连接方式相对应。

在选择"消火栓箱"后，支持输入关键字"D"指定下一点（次数不限，可调整标高），然后在对话框中修改标高，再指定下一点，软件会弹出对话框，如图 13 – 13 所示。

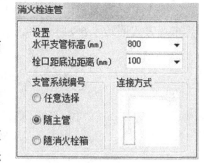

图 13 – 12　箱连主管

处理的三种方式可以参考给水排水专业"任意布管道"命令。

选择"起点生成立管"，单击确定，对话框消失，再单击鼠标左键选择管道。命令操作结束，三维图形如图 13 – 14 所示。

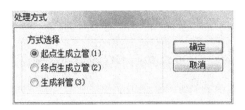

图 13 – 13　处理方式　　　　　　图 13 – 14　三维效果

13.6　工程量计算

如图 13 – 15 所示，在右边竖向工具栏内选择工程量计算，在弹出的对话框内选择计算的楼层和需要计算的构件，单击"确定"按钮计算。

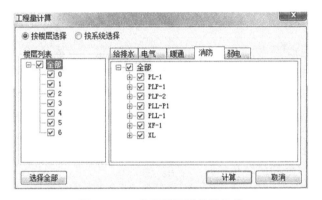

图 13 – 15　选择需要计算的构件

计算完毕之后，单击计算报表，进入报表，然后可以选择需要的报表进行查看，如图 13 – 16所示。

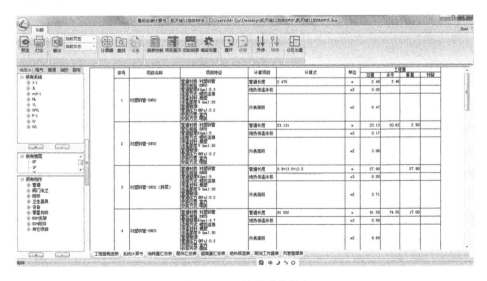

图 13 – 16　计算后的报表

13.7　工程整体三维

单击菜单栏"视图—三维显示—整体"，即可查看本工程的整体三维立体图，查看的整体三维立体图如图 13 - 17 所示。

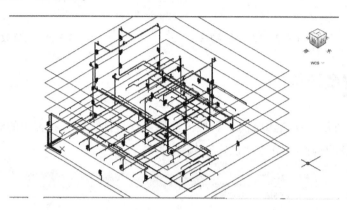

图 13 - 17　三维立体模型

思考与练习

（1）如何批量调整喷头高度？

（2）转化喷淋管时个别管道为什么显示为 PLG？有几种修改方法？

（3）喷淋管标注不全如何转化？

第 14 章
暖通专业 BIM 建模流程

14.1　暖通专业读图

材料：所有风管均采用镀锌钢板制作，其厚度及加工方法按照《通风与空调工程施工质量验收规范》选取。

位于墙、楼板两侧的防火阀、排烟防火阀之间的风管应采用 50mm 玻璃纤维布做防火包裹。

防烟与排烟系统中管道、风口及阀门等均采用钢制或铝制材料，排烟管道应采用 30mm 厚的玻璃纤维布做绝热保护或与可燃物保持大于 150mm 的距离。

风管穿越隔墙、楼板及防火分区时应设预埋管或防护套管，其材质及厚度按有关规定执行，套管内间隙应用玻璃纤维棉填实。

风管均贴梁底安装。

图中矩形风管标高以风管底面为准；圆形风管及其他管线以中心线为准。

14.2　转换设备

新建工程并通过本书 5.4.2 章节中"带基点复制"命令将图纸复制到软件中。布置风管之前，需要将平面上的风设备转化为鲁班构件，具体操作如下。

步骤一：单击转化设备命令" "，弹出对话框如图 14－1 所示。

步骤二：单击提取二维，在平面上选择要转化的设备，进行框选，然后单击鼠标右键指定插入点，单击选择三维，选择相对应的三维图形，如图 14－2 所示。

步骤三：在构件设置中选择相对应的构件大小类，修改构件的名称，以及设备的标高信息。定义转化设备的系统编号，选择需要转化的范围，选择好后直接单击转化。

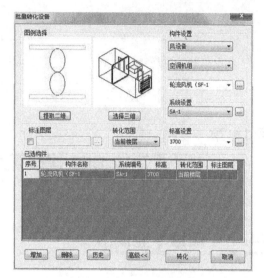

图 14 - 1 "批量转化设备" 对话框   图 14 - 2 提取二维图形

14.3 水平风管

在属性定义中单击 [增加]，点击风管的宽高的对应数值进入修改变量值，如图 14 - 3 所示。

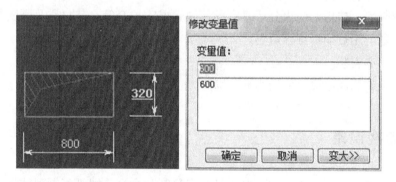

图 14 - 3 风管尺寸定义

根据平面图中的风管尺寸输入对应数值后单击确定。添加新风管完成后单击 [系统重命名]，风管会自动调整对应名称，如图 14 - 4 所示。

单击布置风管按钮 水平风管，软件属性工具栏自动跳转到"风管—送风管"。选择对应的风管尺寸，设置好标高，选择对应的对齐方式和标高方式，如图 14 - 5 所示。

根据命令行提示进行操作，命令行提示"第一点【R - 选参考点】"，在平面图中选择第一点，单击鼠标左键，点选下一点完成对风管的布置。

遇到风管有变径时首先布置风管有变径处，然后点选对应风管，单击布置，在变径处软件会自动生成大小头，如图 14 - 6 所示。

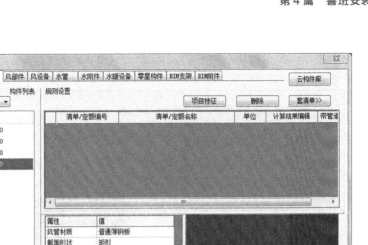

图 14 - 4　属性定义

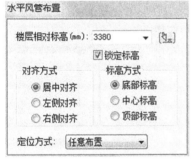

图 14 - 5　标高设置

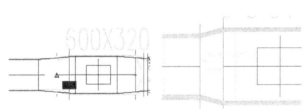

图 14 - 6　风管变径

14.4　任布风口

在图例表中找到风口的对应图例，根据平面图中的尺寸在属性定义中添加好对应尺寸，如图 14 - 7 所示。

图 14 - 7　布置风口

单击界面左边中文工具栏中 任布风口 图标，软件属性工具栏自动跳转到"风口—送风口构件"中，并弹出如图 14 - 8 所示对话框。

在平面图的相应位置单击鼠标左键进行布置，风口自动捕捉管道高度。布置完成后三维
效果如图14-9所示。

图 14-8 任布风口

图 14-9 三维效果

14.5 风管部件

布置风管软接头，单击中文工具栏风管部件下方的 风阀，软件属性工具栏自动跳转到
"通风部件—风阀"中，选择要布置的风管软接头，同时命令行提示"请选择需要布置部件
的风管"，选择要布置风阀的风管，按照命令行提示点选要布置风阀的位置。

在水平风管上布置风阀时，如图14-10所示，按提示在风
管上选择一点即可。该命令可循环，布置完毕，单击鼠标右键
退出命令（防火阀的布置方法同风管软接头）。

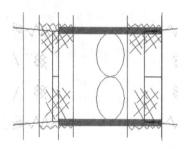

14.6 工程量计算

如图14-11所示，在右边竖向工具栏内选择工程量计算
，在弹出的对话框内选择计算的楼层和需要计算的构件，单
击"计算"命令。

图 14-10 风阀

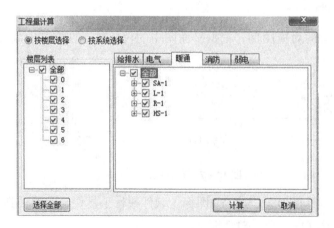

图 14-11 选择需要计算的构件

计算完毕之后，单击计算报表 <span></span> ，进入报表，然后可以选择需要的报表进行查看，如图 14 - 12 所示。

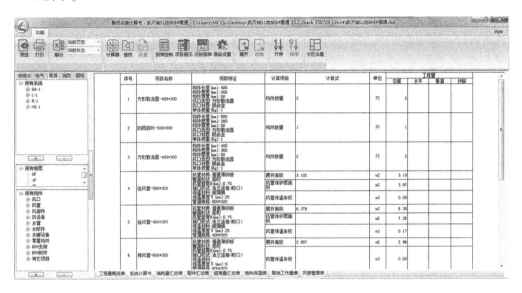

图 14 - 12　计算后的报表

思考与练习

（1）　如何将风管断面编辑为其他形状？

（2）　如何设置风管配件形状？

（3）　风管软接头属于寄生构件吗？布置条件是什么？

第 15 章

电气专业 BIM 建模流程

15.1　电气专业读图

通过对设计说明、系统图，以及电气平面图的了解，收集到以下信息。

电缆桥架水平敷设时距地高度不低于 2.5m。垂直敷设时距地 1.8m 以下部分应加金属盖板保护，敷设在电气专用房间（如配电室、电气竖井等）内时除外。当与其他管道在同一水平面交叉时应跃行，竖井内竖向桥架应与平面图中水平桥架连接。

照明平面图中由灯具接线盒引至单联单控开关的导线均为两根线，引至双联单控开关、单联双控开关、普通延时开关和人体感应开关的导线均为三根线，引至三联单控开关的导线均为四根线，引至四联单控开关的导线均为五根线，其余所有未标注导线根数的线路均为三根线。应急照明及疏散指示灯回路凡未标注的导线根数均为四根。平面图中插座回路导线根数均为三根。

所有穿管线路当超出下述情况时应加装拉线盒：① 无弯的管路超过 30m；② 两个拉线点之间有一个弯时，超过 20m；③ 两个拉线点之间有两个弯时，超过 15m；④ 两个拉线点之间有三个弯时，超过 8m。

配电（控制）箱安装方式及高度详见设备材料表。除注明外，电梯机房、电气竖井内的照明或动力配电（控制）箱底边距地 1.4m 挂墙明装，其余场所的配电（控制）箱底边距地 1.5m 嵌墙暗装或详见主要设备材料表。

翘板开关、延时开关均底边距地 1.4m，墙或柱上暗装。插座嵌墙暗装，各类插座均选用安全型插座，其安装高度如下：电热水器插座，底边距地 2.3m；分体空调插座，底边距地 1.8m；柜式空调及冰箱插座，底边距地 0.3m；卫生间排气扇插座，底边距地 2.3m；厨房插座，底边距地 1.5m；洗衣机及剃须刀插座，底边距地 1.5m；抽油烟机插座，底边距地 2.0m；地下室插座，底边距地 1.5m；其他场所普通插座，底边距地 0.3m。

灯具安装方式按图中注明安装。出口标志灯在出口处的门上方壁装，距地不小于 2.0m，距顶棚不小于 0.5m。疏散标志灯和层号灯嵌墙暗装，底边距地 0.5m。灯具精确定位应现场确定，应避开其他遮挡物。灯具质量大于 3kg 时需预埋安装螺栓，重型灯具、电扇及其他重型设备严禁装在吊顶工程的龙骨上。

采用 φ12 镀锌圆钢沿屋面、女儿墙上及其他易受雷击的部位敷设接闪带，并在屋面组成不大于 10m×10m 或 12m×8m 的网格，屋面上所有不在接闪器保护范围内的各类物体均应装设接闪带（杆），并与屋面防雷装置相连。屋面上所有的金属构件、外露金属管道均用 φ12 镀锌圆钢与接闪带连接，突出屋面的风管、烟囱等物体的顶部边缘均设接闪带，同时与屋面接闪带焊通。建筑物高度超过 45m 时，首先应沿屋顶周边敷设接闪带，接闪带应设在外墙外表面或屋檐边垂直面上，也可设在外墙外表面或屋檐边垂直面外。接闪器之间应互相连接。

在施工图中所示位置，采用基础地梁底部或底板内两根不小于 φ16 的钢筋及途经的桩基内两根竖向主筋（不小于 φ16）焊接连通，组成大楼的接地极。各弱电子系统的接地与强电工作接地、防雷接地均共用建筑物钢筋混凝土基础做为接地装置，要求接地电阻不大于 1 欧姆，当达不到时应增加人工接地体。外引接地电阻测试端子采用 40×4 热镀锌扁钢，于距地 0.5m 处预留测试盒。变压器中心点应与接地装置引出干线直接连接，不间断电源输出端的中性线应直接重复接地，弱电系统的接地线应分别独立引接。

15.2　设备的布置

15.2.1　转化设备

新建工程并通过本书 5.4.2 章节中"带基点复制"命令将图纸复制到软件中。布置管线之前，需要将平面上的电气设备转化为鲁班构件，具体操作如下。

步骤一：单击转化设备命令"▧"，弹出对话框如图 15-1 所示。

步骤二：单击提取二维，在平面上选择要转化的设备，进行框选，然后单击鼠标右键指定插入点，单击选择三维，选择相对应的三维图形，如图 15-2 所示。

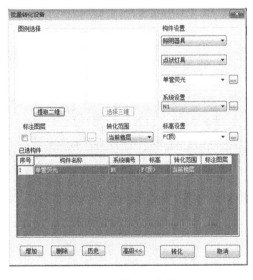

图 15-1　转化设备界面

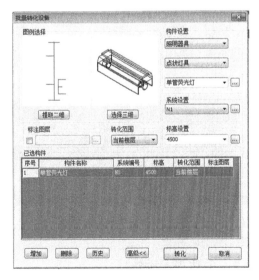

图 15-2　提取二维图形

步骤三：在构件设置中选择相对应的构件大小类，到图例表中提取构件的名称以及设备的标高信息，如图 15-3 和图 15-4 所示。

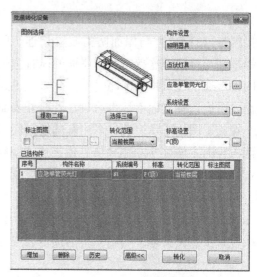

序号	设备名称	图例	型号规格	单位	数量	备 注

图 15 - 3　图例表　　　　　　　　图 15 - 4　提取构件名称

步骤四：提取设备的标注图层，定义转化设备的系统编号，选择需要转化的范围，选择好后直接单击"转化"，如图 15 - 5 所示。

注意：需要将平面上所有的设备全部转化完毕，才可以进行管线的布置。转化完的设备如图 15 - 6 所示。

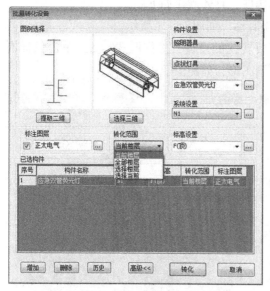

图 15 - 5　选择转化范围

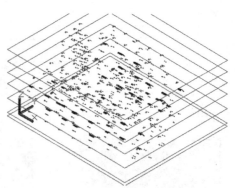

图 15 - 6　转化后的设备图

15.2.2　手动布置设备

对于转化后未识别的单个设备，可以进行手动布置，在命令行点击任意布灯，或者任意布开关（插座、配电箱），在属性中选择需要布置的设备，在平面图中找到需要布置的设备，直接点击布置即可，如图 15 - 7 所示。

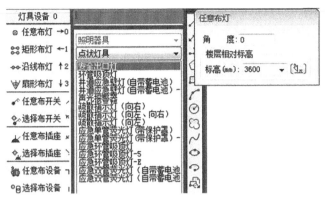

图 15 - 7　任意布灯

15.3　定义管线信息

15.3.1　定义导线

根据系统图给的回路信息、管线的材质，对导线进行编辑。首先进入属性定义界面，在照明导线中定义管线的材质及导线的规格，如图 15 - 8 所示。

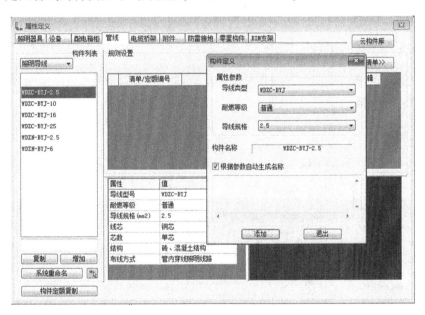

图 15 - 8　定义导线

注意：如果照明导线中没有需要的导线类型，可以在材质规格表中进行添加，然后再到照明导线中进行添加。

15.3.2　定义导管

根据系统图对所需要的导管进行定义，如图 15 - 9 所示。

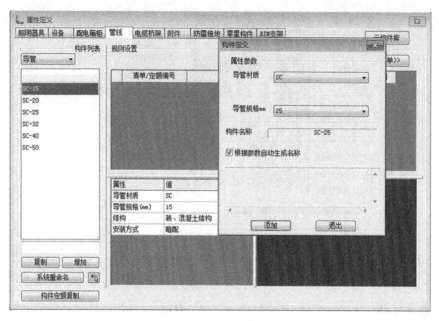

图 15 - 9   定义导管

注意：如果导管中没有需要的导管类型，可以在材质规格表中进行添加，然后再到导管中进行添加。

15.3.3 导线、导管的组合

根据系统图，定义好需要的导线和导管，然后在"导线、导管"中，把需要的管线进行组合，如图 15 - 10 所示。

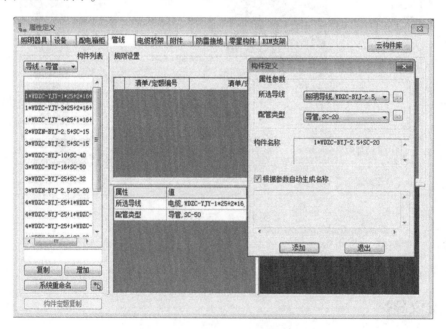

图 15 - 10   导线、导管的组合

15.4　编辑系统编号

连接设备的管线由配电箱引出，将由配电箱引出来的管线回路定义不同的系统编号。单击系统编号管理 [图标]，按照系统图将管线编辑不同的回路，并把相对应的管线信息定义在系统编号管理中，方便后续管线的布置，如图 15 - 11 所示。选中一个回路，直接单击鼠标右键在右键菜单中选择增加平级或者增加子级，即可增加新的回路信息，如图 15 - 12 所示。

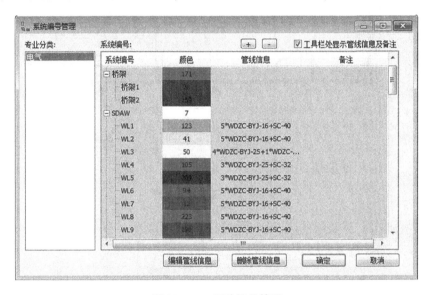

图 15 - 11　系统编号管理

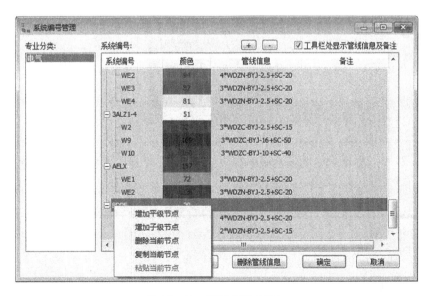

图 15 - 12　系统编号的添加

注意：管线的系统编号增加，不能超过三级，超过三级时软件将会自动提示上限。

15.5　布置桥架

根据平面图给出的桥架尺寸（图15－13），先在属性工具栏中定义好桥架的尺寸，如图15－14所示，然后定义好桥架的高度，水平桥架单击 <kbd>水平桥架</kbd> 命令，竖向桥架单击 <kbd>垂直桥架</kbd> 命令，即可根据平面图桥架的走向布置桥架，布置完成的桥架如图15－15所示。

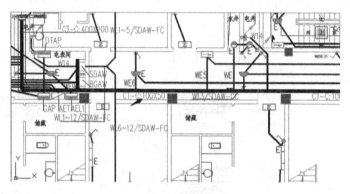

图15－13　查看桥架尺寸

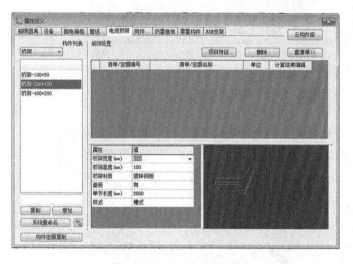

图15－14　定义桥架尺寸

图15－15　布置完的桥架

注意：水平的桥架除了可以使用水平桥架命令进行手动绘制以外，也可以使用线变桥架命令，将原CAD图纸上的线条变为桥架。水平的桥架不能进行旋转，垂直的桥架可以使用桥架旋转命令进行旋转。

15.6　桥架配线

配线引线：水平桥架进行配线，即可使用配线引线命令进行操作，首先单击 <kbd>配线引线</kbd>

命令，弹出如图 15-16 所示对话框，根据命令行提示"选择需引入电缆的桥架【选择电缆引入端（F）】"，选择完成后，按命令行提示指定桥架上一点，此时命令行提示"选择设备【指定下一点（D）】"，引入端选择完毕后，命令行提示"选择需引出电缆的桥架【选择电缆引出端（F）/修改电缆引入端（C）】"，选择后指定桥架上一点，按命令行提示"选择设备【指定下一点（D）】"，选择后，根据系统图修改所配置回路的系统编号，修改后如图 15-17 所示，管线配置无误后，直接单击"确定"即可。

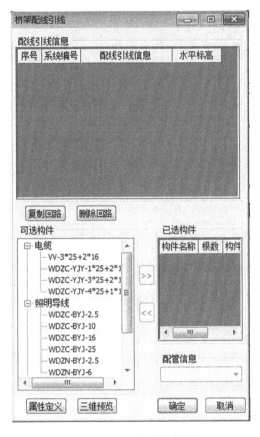

图 15-16　配线引线对话框

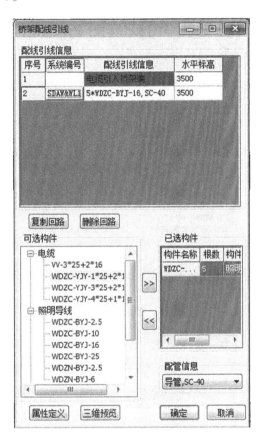

图 15-17　配置好的回路信息

跨配引线：跨层桥架进行配线，使用的是跨配引线命令。首先单击跨配引线命令，弹出如图 15-18 所示对话框，命令行提示"选择需引入电缆的桥架【选择电缆引入端（F）】"，选择完成后，再框选一次所选择的桥架，按命令行提示"指定桥架引出点的高度"（楼层相对高度 0-4500），输入引出高度以后，提示"选择设备【指定下一点（D）】"，然后单击"点此选择引出端"，命令行提示"选择需引出电缆的桥架【选择电缆引出端（F）】"，指定桥架引出点的高度（楼层相对标高 0-4500），输入引出端的高度。按命令行提示"选择设备【指定下一点（D）】"，选择后，根据系统图修改所配置回路的系统编号，修改后如图 15-19 所示，管线配置无误后，直接单击"确定"即可。

图 15－18　跨配引线对话框

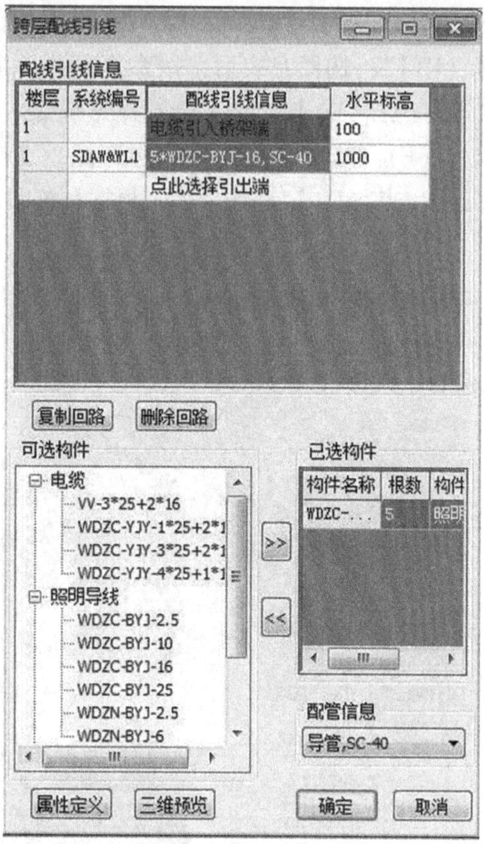

图 15－19　配置好的回路信息

注意： 桥架配线中配管信息所配置的管材，主要是指出桥架连接设备所穿的管。

15.7　布置管线

转化管线：单击转化电气管线命令，弹出如图 15－20 所示对话框。

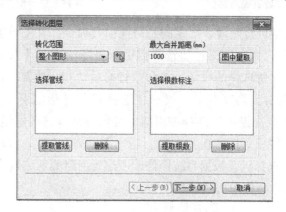

图 15－20　转化管线界面

单击"提取管线",到平面图中提取需要转化的管线,选择后,单击鼠标右键确定。按图中提示提取管线的根数。提取后单击鼠标右键确定,单击"下一步",弹出如图 15－21 所示对话框。

图 15－21　识别的管线回路类型 1 　　　　图 15－22　识别的管线回路类型 2

双击回路信息中的序号,反查至平面,然后修改回路的系统编号及管线的敷设方式、导管材质等,设置好后单击"转化",如图 15－22 所示。

注意:敷设方式决定了管线的敷设高度,管线敷设方式各选项所代表的意义如下。

SR——沿钢线槽敷设。

BE——沿屋架敷设。

CLE——沿柱敷设。

WE——沿墙面敷设。

CE——沿顶棚面敷设。

ACE——上人顶棚内敷设。

BC——梁内暗敷。

WC——墙内暗敷。

CC——顶棚暗敷。

ACC——不上人顶棚内敷设。

FC——地面暗敷。

转化完成的管线如图15-23所示。

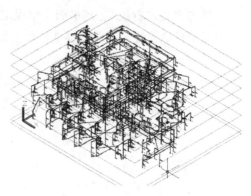

选择布管线：该命令主要用于在平面图中连接已布置的灯具、开关、设备等并自动生成竖直的连接管线或软管，单击"选择布管线"命令，弹出如图15-24所示的对话框，按系统图给出的穿管信息，选择需要布置的回路编号，以及需要布置的管线，然后设置好敷设方式。框选引出管线的配电箱，

图15-23　转化完的管线

命令行提示"选择下一对象【指定下一点（D）/回退（U）】"，框选需要连接的设备。整个回路布置完毕后单击鼠标右键确定。

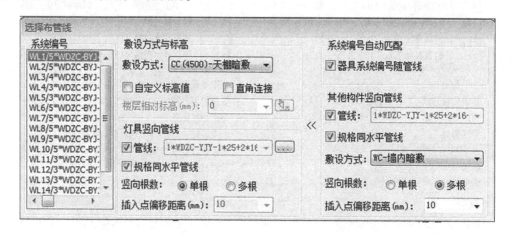

图15-24　"选择布管线"界面

注意：选择布管线和任意布管线的区别在于，选择布管线可以自动生成短立管，任意布管线不能自动生成短立管。使用选择布管线连接设备的时候，若遇到管线需拐弯的地方，可在命令行输入"D"，连接设备的时候再次输入"D"，然后进行框选。

15.8　避雷带的布置

避雷带的布置可使用 线变避雷带 的命令进行操作，图纸调入至指定楼层以后，用显示控制命令将图纸进行隐藏，然后用打开指定图层命令，打开需要线变的避雷带。单击线变避雷带命令，设置好避雷带的标高，框选整张图纸，单击鼠标右键即可。线变后的避雷带如图15-25所示。

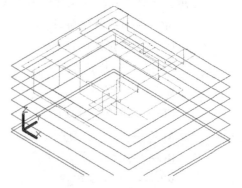

图15-25　线变后的避雷带

15.9 引下线

单击 引下线 命令，弹出如图 15 - 26 所示的对话框，设置好引下线的标高，按平面图给出的引下线位置进行布置即可。

图 15 - 26 布置引下线

15.10 生成接线盒

定义好需要的接线盒属性，单击 工程生成 ，弹出如图 15 - 27 所示的对话框。选择好接线盒的类型，设置好生成规则，直接单击鼠标右键确定即可。

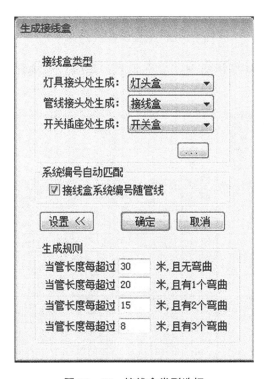

图 15 - 27 接线盒类型选择

15.11 工程量计算

如图 15 - 28 所示，在右边竖向工具栏内选择工程量计算⬛，在弹出的对话框内选择计算的楼层和需要计算的构件，单击确定计算。

图 15 - 28 选择需要计算的构件

计算完毕之后，单击计算报表🗐，进入报表，然后可以选择需要的报表进行查看，如图 15 -29所示。

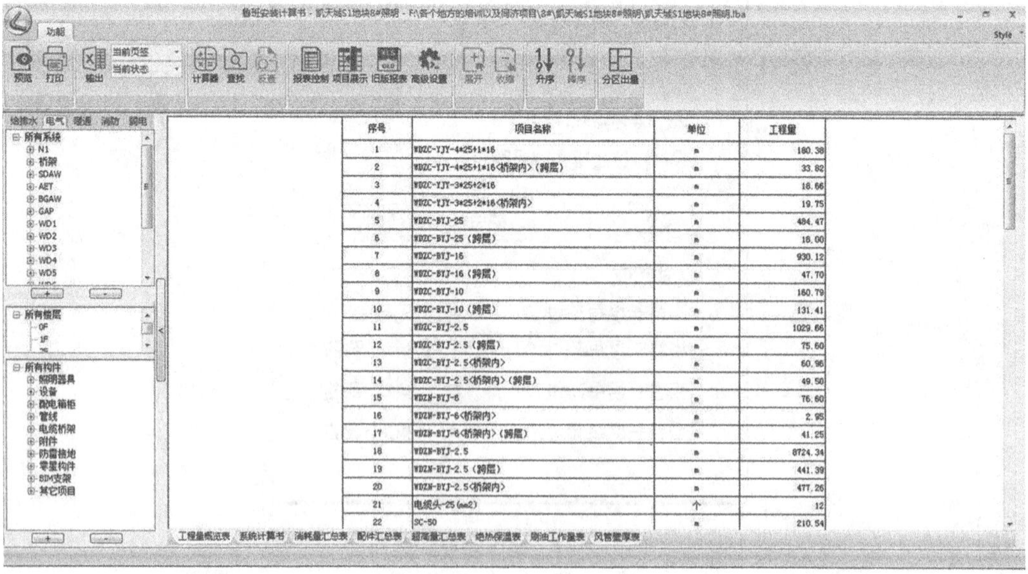

图 15 - 29 计算后的报表

15.12　工程整体三维

菜单栏单击"视图→三维显示→整体"，即可查看本工程的整体三维立体图，如图 15 - 30 所示。查看整体三维立体模型，如图 15 - 31 所示。

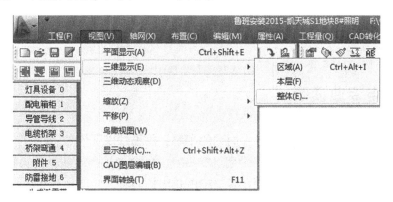

图 15 - 30　查看整体三维

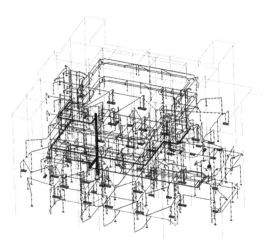

图 15 - 31　三维立体模型

思考与练习

（1）电气专业读图时要注意哪些信息？

（2）软件中没有的管线如何添加？

（3）配线引线与跨配引线的区别？

第 16 章

弱电专业 BIM 建模流程

16.1 弱电专业读图

通过对设计说明、系统图及弱电平面图的了解，收集到以下信息。

楼内所有消火栓启泵按钮控制线采用 ZC – BV – 4×2.5mm^2 导线，消火栓启泵按钮应能直接启动消火栓泵。楼层短路隔离器在各层配电箱附近明装，底距地 2.0m；现场监控器在配电箱上方安装；壁挂式监控机在消防控制室内明装，底距地 1.5m。提供交流 220V 电源。平面图上管线由施工单位根据设计说明及原理图预埋。

16.2 转化设备

首先通过本书 5.4.2 章节中"带基点复制"命令将图纸复制到软件中。布置管线之前，需要将平面上的弱电设备转化为鲁班构件，具体操作如下。

步骤一：单击转化设备命令 ，弹出对话框如图 16 – 1 所示。

图 16 – 1 转化设备对话框

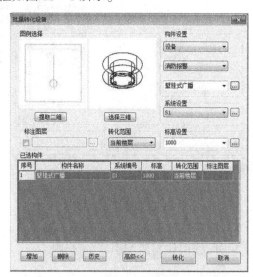

图 16 – 2 提取二维图形

步骤二：单击提取二维，在平面上选择要转化的设备，进行框选，然后单击鼠标右键指定插入点，单击选择三维，选择相对应的三维图形，如图 16 - 2 所示。

步骤三：在构件设置中选择相对应的构件大小类，到图例表中提取构件的名称以及设备的标高信息，如图 16 - 3、图 16 - 4 所示。

图 16 - 3　图例表　　　　　　　　　　　　图 16 - 4　提取二维图形

步骤四：定义转化设备的系统编号，选择需要转化的范围，选择好后直接单击转化，如图 16 - 5 所示。

注意：需要将平面上所有的设备全部转化完毕，才可以进行管线的布置。转化完的设备如图 16 - 6 所示。

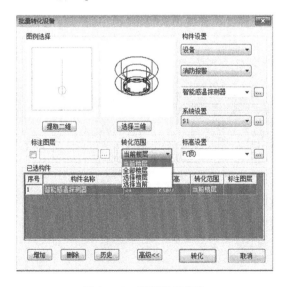

图 16 - 5　提取设备名称

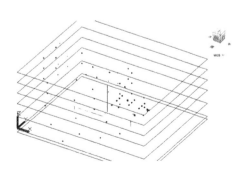

图 16 - 6　转化完的设备

16.3 定义管线信息

16.3.1 定义导线

根据系统图给的回路信息、管线材质，对导线进行编辑。首先进入属性定义界面，在配线中定义导线的材质以及导线的规格，如图 16-7 所示。

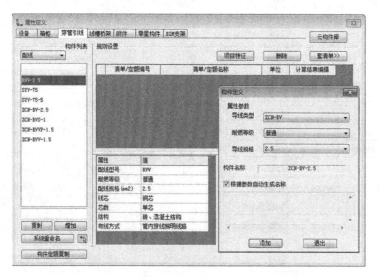

图 16-7 定义导线

注意：如果配线中没有需要的导线类型，可以在材质规格表中进行添加，然后再到照明导线中进行添加。

16.3.2 定义导管

根据系统图对所需要的导管进行定义，如图 16-8 所示。

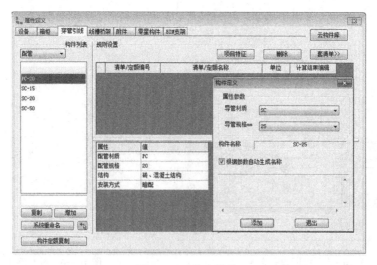

图 16-8 定义导管

注意：如果配管中没有需要的导管类型，可以在材质规格表中进行添加，然后再到配管中进行添加。

16.3.3 配管配线的定义

根据系统图，定义好需要的导管和导线，然后在配管配线中，将需要的管线进行组合，如图 16 – 9 所示。

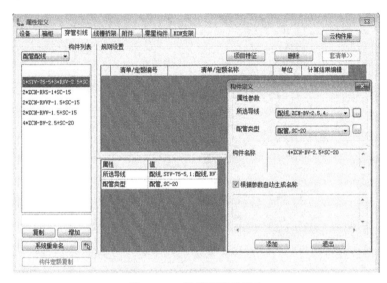

图 16 – 9　配管配线的定义

16.3.4 组合管线的定义

组合管线主要是针对于多根管的组合，以及多根管线穿多根管的情况，如图 16 – 10 所示。

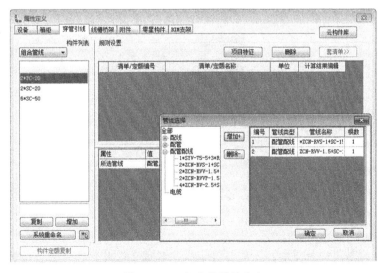

图 16 – 10　组合管线的定义

16.4 编辑系统编号

连接设备的管线由配电箱引出，将由配电箱引出来的管线回路定义不同的系统编号。单击系统编号管理 Ａ，按照系统图和平面图将管线编辑不同的回路编号，如图 16 – 11 所示。选中一个回路，直接单击鼠标右键在右键菜单中选择增加平级或者增加子级，即可增加新的回路信息，如图 16 – 12 所示。

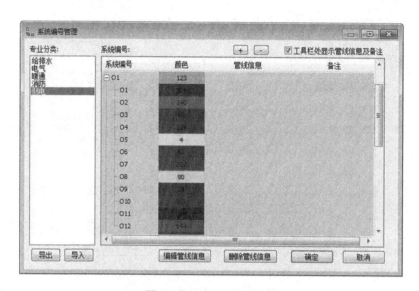

图 16 – 11　系统编号管理

图 16 – 12　系统编号的添加

注意：管线的系统编号增加，不能超过三级，超过三级时软件将会自动提示上限。

16.5　布置桥架

根据平面图给出的桥架尺寸（图 16 - 13），先在属性工具栏中定义好桥架的尺寸，如图 16 - 14 所示，然后定义好桥架的高度，水平桥架单击 **水平桥架** 命令，竖向桥架单击 **垂直桥架** 命令，即可根据平面图桥架的走向布置桥架，布置完成的桥架如图 16 - 15 所示。

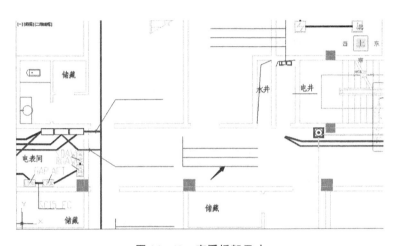

图 16 - 13　查看桥架尺寸

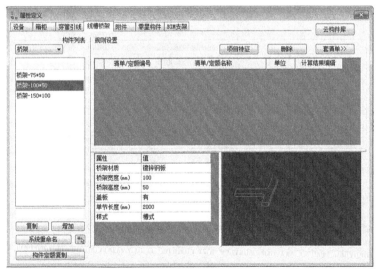

图 16 - 14　定义桥架尺寸

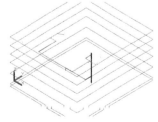

图 16 - 15　布置完的桥架

注意： 水平桥架除了可以使用水平桥架命令进行手动绘制以外，也可以使用线变桥架命令，将原 CAD 图纸上的线条变为桥架。水平的桥架不能进行旋转，垂直的桥架可以使用桥架旋转命令进行旋转。

16.6   桥架配线

水平桥架的配线引线及竖向桥架的跨配引线命令可分别参考电气专业的配线引线和跨配引线命令的使用方法。

注意： 桥架配线中配管信息所配置的管材，主要是指出桥架连接设备所穿的管。

16.7   布置管线

16.7.1   转化管线

1）单击转化电气管线命令，弹出如图 16 - 16 所示对话框。

图 16 - 16   转化管线界面

2）单击提取管线，到平面图中提取需要转化的管线，选择后，单击鼠标右键确定。按图中提示提取管线的根数。提取后单击鼠标右键确定，单击下一步，弹出如图 16 - 17 所示对话框。

图 16 - 17   识别的管线回路   图 16 - 18   设置管线信息

3）双击回路信息中的序号，反查至平面，然后修改回路的系统编号以及管线的敷设方式、导管材质等，设置好后单击转化，如图 16 - 18 所示。

4）转化完成的管线如图 16 - 19 所示。

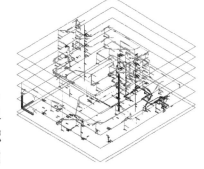

图 16 - 19　转化完的管线

16.7.2　手动布置管线

单击选择布管线命令，弹出如图 16 - 20 所示的对话框，按系统图给出的管线信息，选择需要布置的回路编号，以及需要布置的管线，然后设置好敷设方式。框选引出管线的配电箱，命令行提示"选择下一对象【指定下一点（D）/回退（U）】"，框选需要连接的设备。整个回路布置完毕后单击鼠标右键确定。

图 16 - 20　"选择布管线"界面

注意：选择布管线和任意布管线的区别在于，选择布管线可以自动生成短立管，任意布管线不能自动生成短立管。使用选择布管线连接设备的时候，若遇到管线需拐弯的地方，可在命令行输入"D"，连接设备的时候再次输入"D"，然后进行框选。

16.8　生成接线盒

定义好需要的接线盒属性，单击工程生成，弹出如图 16 - 21 所示的对话框，选择好接线盒的类型，设置好生成规则，直接单击确定即可。

16.9　工程量计算

如图 16 - 22 所示，在右边竖向工具栏内选择工程量计算，在弹出的对话框内选择计算的楼层和需要计算的构件，单击确定计算。

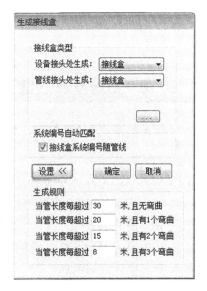

图 16 - 21　接线盒类型选择

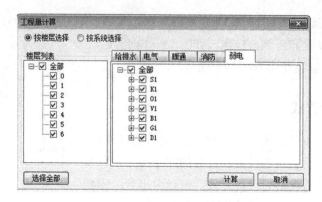

图 16-22　选择需要计算的构件

计算完毕之后，单击计算报表 ，进入报表，然后可以选择需要的报表进行查看，如图 16-23 所示。

图 16-23　计算后的报表

16.10　工程整体三维

查看整体三维立体模型，如图 16-24 所示。

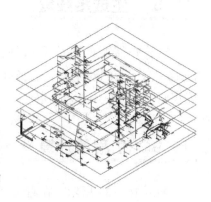

图 16-24　三维立体模型

❓ 思考与练习

（1）弱电专业与电气专业在 BIM 建模中有哪些相同的地方和不同的地方？

（2）什么是壁装灯（举例说明）？壁装灯竖向管线与点状灯具竖向管线的区别？

（3）配线引线与跨配引线的区别？

第 17 章

云模型检查

17.1　云模型检查方法

单击菜单栏中【云功能】→【云模型检查】，或者单击右上角 按钮，出现如图 17 - 1 所示界面。

注意：云模型检查中开放一些检查规则设置，用户可以根据实际需求自行设置。

17.2　选择检查项目及检查范围

检查内容大类分为属性合理性、建模遗漏、建模合理性、计算检查、设计规范。

检查范围：当前层检查、全工程检查、自定义检查。可选择楼层及构件，如图 17 - 2 所示。

图 17 - 1　"云模型检查"界面

图 17 - 2　检查范围

17.3　修复定位出错构件

检查完成后，进入查询结果界面，检查结果分为必错和疑似错误（可进行"查看确定错

误""重新检查"),如图 17 - 3 所示。

图 17 - 3　检查结果

单击查看确定错误,可查找到具体构件,如图 17 - 4 所示。

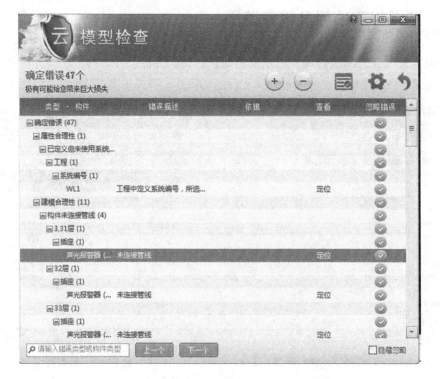

图 17 - 4　错误明细

提示:单击"定位",对出错构件或属性进行反查,反查的构件支持高亮闪烁,方便直接修复。查看详细错误界面中"忽略"修改为"忽略错误",忽略过的错误下次将不再检查,如图 17 - 5 所示。

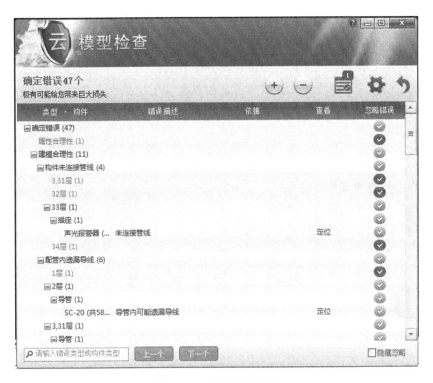

图 17 – 5　错误处理方法

信任列表支持信任规则及忽略错误，添加到信任列表中的内容下次将不再检查，如图 17 – 6所示。

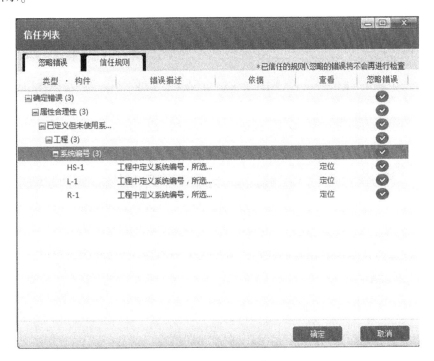

图 17 – 6　信任列表

　　注意：忽略错误与信任规则的区别。

　　忽略错误：指具体的某一个错误下次将不再检查，如某个楼层图形上某个具体位置的构件下次将不再提示，但其他位置的该类错误还将提示。

　　信任规则：信任某条检查规则，根据用户的设置，下次整个工程或某些楼层将不再检查此条规则。

思考与练习

　　（1）云模型检查需要注意什么？

　　（2）什么样的模型错误可以忽略？

　　（3）如何对出错构件或属性进行反查？